2012 年全国计算机等级考试系列辅导用书
——上机、笔试、智能软件三合一

U0146825

二级 Visual FoxPro

（含公共基础知识）

（2012 年考试专用）

全国计算机等级考试命题研究中心
天合教育金版—考通研究中心 编

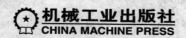

机械工业出版社
CHINA MACHINE PRESS

2012 年全国计算机等级考试在新大纲的标准下实施。本书依据本次最新考试大纲调整,为考生提供了高效的二级 Visual ForPro 备考策略。

本书共分为"笔试考试试题"、"上机考试试题"、"笔试考试试题答案与解析"和"上机考试试题答案与解析"四个部分。

第一部分主要立足于最新的考试大纲,解读最新考试趋势与命题方向,指导考生高效备考,通过这部分的学习可了解考试的试题难度以及重点;第二部分主要是针对最新的上机考试题型和考点,配合随书光盘使用,帮助考生熟悉上机考试的环境;第三部分提供了详尽的笔试试题讲解与标准答案,为考生备考提供了可靠的依据;第四部分为考生提供了上机试题的标准答案,帮助考生准确把握上机的难易程度。

另外,本书配备了上机光盘为考生提供真实的模拟环境并且配备了大量的试题以方便考生练习,同时也为考生提供了最佳的学习方案,通过练习使考生从知其然到知其所以然,为考试通过打下坚实的基础。

图书在版编目(CIP)数据

二级 Visual FoxPro / 全国计算机等级考试命题研究中心,天合教育金版一考通研究中心编.—北京:机械工业出版社,2011.10

(上机、笔试、智能软件三合一)

2012 年全国计算机等级考试系列辅导用书

ISBN 978-7-111-36372-9

Ⅰ.①二…Ⅱ.①全…②天…Ⅲ.①关系数据库—数据库管理系统,Visual FoxPro—程序设计—水平考试—自学参考资料Ⅳ.①TP311.138

中国版本图书馆 CIP 数据核字(2011)第 227748 号

机械工业出版社(北京市百万庄大街 22 号　邮政编码 100037)
策划编辑:丁　诚　　　责任编辑:丁　诚
责任印制:乔　宇
三河市宏达印刷有限公司印刷
2012 年 1 月第 1 版第 1 次印刷
210mm×285mm・9.5 印张・346 千字
0001—4000 册
标准书号:ISBN 978-7-111-36372-9
光盘号:ISBN 978-7-89433-170-0
定价:36.00 元(含 1CD)

前　言

　　全国计算机等级考试(NCRE)自 1994 年由教育部考试中心推出以来,历经十余年,共组织二十多次考试,成为面向社会的用于考查非计算机专业人员计算机应用知识与能力的考试,并日益得到社会的认可和欢迎。客观、公正的等级考试为培养大批计算机应用人才开辟了广阔的天地。

　　为了满足广大考生的备考要求,我们组织了多名多年从事计算机等级考试的资深专家和研究人员精心编写了《2012 年全国计算机等级考试系列辅导用书》,本书是该丛书中的一本。本书紧扣考试大纲,结合历年考试的经验,增加了一些新的知识点,删除了部分低频知识点,编排体例科学合理,可以很好地帮助考生有针对性地、高效地做好应试准备。本书由上机考试和笔试两部分组成,配套使用可取得更好的复习效果,提高考试通过率。

　　一、笔试考试试题

　　本书中包含的 11 套笔试试题,由本丛书编写组中经验丰富的资深专家在全面深入研究真题、总结命题规律和发展趋势的基础上精心选编,无论在形式上还是难度上,都与真题一致,是考前训练的最佳选择。

　　二、上机考试试题

　　本书包含的 30 套上机考试试题,针对有限的题型及考点设计了大量考题。本书的上机试题是从题库中抽取全部典型题型,提高备考效率。

　　三、上机模拟软件

　　从登录到答题、评分,都与等级考试形式完全一样,评分系统由对考试有多年研究的专业教师精心设计,使模拟效果更加接近真实的考试。本丛书试题的解析由具有丰富实践经验的一线教学辅导教师精心编写,语言通俗易懂,将抽象的问题具体化,使考生轻松、快速地掌握解题思路和解题技巧。

　　在此,我们对在本丛书编写和出版过程中,给予过大力支持和悉心指点的考试命题专家和相关组织单位表示诚挚的感谢。由于时间仓促,本书在编写过程中难免有不足之处,恳请读者批评指正。

丛书编写组

目 录

< V >

< Ⅵ >

第1章 考试大纲

考试大纲

基本要求

1. 具有数据库系统的基础知识。

2. 基本了解面向对象的概念。

3. 掌握关系数据库的基本原理。

4. 掌握数据库程序设计方法。

5. 能够使用 Visual FoxPro 建立一个小型数据库应用系统。

考试内容

一、Visual FoxPro 基础知识

1. 基本概念

数据库、数据模型、数据库管理系统、类和对象、事件、方法。

2. 关系数据库

(1) 关系数据库:关系模型、关系模式、关系、元组、属性、域、主关键字和外部关键字。

(2) 关系运算:选择、投影、连接。

(3) 数据的一致性和完整性:实体完整性、域完整性、参照完整性。

3. Visual FoxPro 系统特点与工作方式

(1) Windows 版本数据库的特点。

(2) 数据类型和主要文件类型。

(3) 各种设计器和向导。

(4) 工作方式:交互方式(命令方式、可视化操作)和程序运行方式。

4. Visual FoxPro 的基本数据元素

(1) 常量、变量、表达式。

(2)常用函数:字符处理函数、数值计算函数、日期时间函数、数据类型转换函数、测试函数。

二、Visual FoxPro 数据库的基本操作

1. 数据库和表的建立、修改与有效性检验

(1) 表结构的建立与修改。

(2) 表记录的浏览、增加、删除与修改。

(3) 创建数据库,向数据库添加或移出表。

(4) 设定字段级规则和记录规则。

(5) 表的索引:主索引、候选索引、普通索引、唯一索引。

2. 多表操作

(1)选择工作区。

(2) 建立表之间的关联:一对一的关联;一对多的关联。

(3) 设置参照完整性。

(4) 建立表间临时关联。

3. 建立视图与数据查询

< 1 >

(1) 查询文件的建立、执行与修改。

(2) 视图文件的建立、查看与修改。

(3) 建立多表查询。

(4) 建立多表视图。

三、关系数据库标准语言 SQL

1. SQL 的数据定义功能

(1) CREATE TABLE－SQL

(2) ALTER TABLE－SQL

2. SQL 的数据修改功能

(1) DELETE－SQL

(2) INSERT－SQL

(3) UPDATE－SQL

3. SQL 的数据查询功能

(1) 简单查询。

(2) 嵌套查询。

(3) 连接查询。

内连接与外连接：左连接、右连接、完全连接

(4) 分组与计算查询。

(5) 集合的并运算。

四、项目管理器、设计器和向导的使用

1. 使用项目管理器

(1) 使用"数据"选项卡。

(2) 使用"文档"选项卡。

2. 使用表单设计器

(1) 在表单中加入和修改控件对象。

(2) 设定数据环境。

3. 使用菜单设计器

(1) 建立主选项。

(2) 设计。

(3) 设定菜单选项程序代码。

4. 使用报表设计器

(1) 生成快速报表。

(2) 修改报表布局。

(3) 设计分组报表。

(4) 设计多栏报表。

5. 使用应用程序向导

6. 应用程序生成器与连编应用程序

五、Visual FoxPro 程序设计

1. 命令文件的建立与运行

(1) 程序文件的建立。

(2) 简单的交互式输入、输出命令。

(3) 应用程序的调试与执行。

2. 结构化程序设计

(1) 顺序结构程序设计。

(2) 选择结构程序设计。

< 2 >

（3）循环结构程序设计。

3．过程与过程调用

（1）子程序设计与调用。

（2）过程与过程文件。

（3）局部变量和全局变量、过程调用中的参数传递。

4.用户定义对话框（MESSAGEBOX）的使用

考试方式

1.笔试：90 分钟，满分 100 分，其中含公共基础知识部分的 30 分。

2.上机：90 分钟，满分 100 分

< 3 >

第2章 笔试考试试题

第1套 笔试考试试题

一、选择题

1. 如果进栈序列为 e1、e2、e3、e4、e5,则可能的出栈序列是（　　）。

　A. e3、e1、e4、e2、e5　　　　　　　　　　B. e5、e2、e4、e3、e1

　C. e3、e4、e1、e2、e5　　　　　　　　　　D. 任意顺序

2. 下述关于数据库系统的叙述中,正确的是（　　）。

　A. 数据库系统减少了数据冗余

　B. 数据库系统避免了一切冗余

　C. 数据库系统中数据的一致性是指数据类型一致

　D. 数据库系统比文件系统能管理更多的数据

3. 数据流图用于抽象描述一个软件的逻辑模型,数据流图由一些特定的图符构成。下列图符名标识的图符不属于数据流图合法图符的是（　　）。

　A. 控制流　　　　　　　　　　　　　　　　B. 加工

　C. 数据存储　　　　　　　　　　　　　　　D. 源和潭

4. 已知一个有序线性表为(13,18,24,35,47,50,62,83,90,115,134),当用二分法查找值为 90 的元素时,查找成功的比较次数为（　　）。

　A. 1　　　　　　　　B. 2　　　　　　　　C. 3　　　　　　　　D. 9

5. 有下列二叉树,对此二叉树后序遍历的结果为（　　）。

　A. ACBEDGFH　　　　　　　　　　　　　　B. GDBHEFCA

　C. HGFEDCBA　　　　　　　　　　　　　　D. ABCDEFGH

6. 下列关于项目中"移出"文件的说法,正确的是（　　）。

　A. 被移出的文件将直接从磁盘中删除

　B. 被移出的文件将不能被任何项目添加

　C. 被移出的文件只是将文件移出项目,但文件保留在磁盘中

　D. 被移出的文件,以后不能再次添加到原项目中,但可以添加到其他项目中

7. 需求分析阶段的任务是（　　）。

　A. 软件开发方法　　　　　　　　　　　　　B. 软件开发工具

　C. 软件开发费用　　　　　　　　　　　　　D. 软件系统功能

8.设 R 是一个二元关系,S 是一个三元关系,则下列运算中正确的是(   )。

A. R－S
B. R×S
C. R∩S
D. R∪S

9.结构化分析方法是面向(   )的自顶向下逐步求精进行需求分析的方法。

A. 对象
B. 数据结构
C. 数据流
D. 目标

10.数据库设计包括两个方面的设计内容,它们是(   )。

A. 概念设计和逻辑设计
B. 模式设计和内模式设计
C. 内模式设计和物理设计
D. 结构特性设计和行为特性设计

11.如果想从字符串"计算机等级考试"中取出"考试"这两个字,下列函数使用正确的是(   )。

A. SUBSTR("计算机等级考试",11)
B. SUBSTR("计算机等级考试",5,3)
C. RIGHT("计算机等级考试",2)
D. LEFT("计算机等级考试",4)

12.在 Visual FoxPro 中,学生表 STUDENT 中包含有通用型字段,将通用型字段中的数据均存储到另一个文件中,则该文件名为(   )。

A. STUDENT. DOC
B. STUDENT. MEM
C. STUDENT. DBT
D. STUDENT. FPT

13.下列实体类型的联系中,属于多对多联系的是(   )。

A. 学生与课程之间的联系
B. 学校与教师之间的联系
C. 商品条形码与商品之间的联系
D. 班级与班长之间的联系

14.下列关于编辑框的说法中,不正确的是(   )。

A. 编辑框用来输入、编辑数据
B. 编辑框实际上是一个完整的字处理器
C. 在编辑框中只能输入和编辑字符型数据
D. 编辑框中不可以剪切、复制和粘贴数据

15.下列关于自由表的叙述,正确的是(   )。

A. 全部是用以前版本的 FoxPro(FoxBASE)建立的表
B. 可以用 Visual FoxPro 建立,但是不能把它添加到数据库中
C. 自由表可以添加到数据库中,数据库表也可以从数据库中移出成为自由表
D. 自由表可以添加到数据库中,但数据库表不可以从数据库中移出成为自由表

16.在 Visual FoxPro 中,使用"菜单设计器"定义菜单,最后生成的菜单程序的扩展名是(   )。

A. MNX
B. PRG
C. MPR
D. SPR

17.使用 REPLACE 命令时,如果范围短语为 ALL 或 REST,则执行该命令后记录指针指向(   )。

A. 末记录
B. 首记录
C. 末记录的后面
D. 首记录的前面

18.当临时联系不再需要时可以取消,取消的命令是(   )。

A. DELETE RELATION
B. DETETE JOIN
C. SET RELATION TO
D. SET JOIN TO

19.在 Visual FoxPro 的查询设计器中对应的 SQL 短语是 WHERE 的选项卡是(   )。

A. 字段
B. 连接
C. 筛选
D. 杂项

20.在成绩表中,查找物理分数最高的学生记录,下列 SQL 语句的空白处应填入的是(   )。

SELECT * FROM 成绩表
WHERE 物理＞＝_____
(SELECT 物理 FROM 成绩表)

A. SOME
B. EXITS
C. ANY
D. ALL

21. 下列短语中,与排序无关的短语是(   )。

A. ASC
B. DESC
C. GROUP BY
D. ORDER BY

22. 执行下列程序

CLEAR
DO A
RETURN
PROCEDURE A
S=5
DO B
? S
RETURN
PROCEDURE B
S=S+10
RETURN 程序的运行结果为(   )。

A. 5
B. 10
C. 15
D. 程序错误,找不到变量

23. 对于学生关系表 STUDENT,写一条规则,把其中的"年龄"属性限制在 18~30 之间,则这条规则属于(   )。

A. 实体完整性规则
B. 参照完整性规则
C. 域完整性规则
D. 不属于以上任何规则

24. 以下关于主索引和候选索引的叙述正确的是(   )。

A. 主索引和候选索引都能保证表记录的唯一性
B. 主索引和候选索引都可以建立在数据库表和自由表上
C. 主索引可以保证表记录的唯一性,而候选索引不能
D. 主索引和候选索引是相同的概念

25. 检索职工表中年龄大于 50 的职工姓名,正确的命令是(   )。

A. SELECT 姓名 WHERE 年龄>50
B. SELECT 姓名 FROM 职工 FOR 年龄>50
C. SELECT 姓名 FROM 职工 SET 年龄>50
D. SELECT 姓名 FROM 职工 WHERE 年龄>50

26. Visual FoxPro 的"参照完整性"中"插入规则"包括的选择是(   )。

A. 级联和忽略
B. 级联和删除
C. 级联和限制
D. 限制和忽略

27. 在表单 MYFORM 的 INIT 事件中,设置表单背景颜色为红色,正确的命令是(   )。

A. MYFORM. BACKCOLOR=ROB(255,0,0)
B. THIS. PARENT. BACKCOLOR=RGB(255,0,0)
C. THISFORM. PARENT. BACKCOLOR=RGB(255,0,0)
D. THIS. BACKCOLOR=RGB(255,0,0)

28. SQL 用于显示部分查询结果的 TOP 短语,必须与下列哪个短语同时使用才有效(   )。

A. HAVING
B. DISTINCT
C. ORDER BY
D. GROUP BY

29. SQL 查询语句"SELECT * FROM 职工 TO FILE ZG. dbf"的功能是(   )。

A. 将职工表中所有记录查询输出到永久性表 ZG. dbf 中
B. 将职工表中所有记录查询输出到文本文件 ZG. txt 中
C. 将职工表中所有记录查询输出到文本文件 ZG. dbf. txt 中
D. 语句存在语法错误

30. 能够将表单的 Visible 属性设置为.T.,并使表单成为活动对象的方法是( )。

A. Hide
B. Show
C. Release
D. SetFocus

第31～35题中使用如下数据表。

"学生"表:学号 C(8),姓名 C(8),性别 C(2),系名(6)

"课程"表:课程编号 C(4),课程名称 C(12),开课系名 C(10)

"成绩"表:学号 C(8),课程编号 C(4),成绩 N(6,2)

31. 检索每门课程的最高分,要求得到的信息包括课程名称、姓名和最高分,正确的 SQL 语句是( )。

A. SELECT 课程.课程名称,学生.姓名,MAX(成绩).AS 最高分

　　FROM 成绩,课程,学生

　　WHERE 成绩.课程编号＝课程.课程编号

　　AND 成绩.学号＝学生.学号

　　GROUP BY 课程编号

B. SELECT 课程.课程名称,学生.姓名,MAX(成绩)AS 最高分

　　FROM 成绩,课程,学生

　　WHERE 成绩.课程编号＝课程.课程编号

　　AND 成绩.学号＝学生.学号

　　GROUP BY 课程.课程编号

C. SELECT 课程.课程名称,学生.姓名,MAX(成绩)AS 最高分

　　FROM 成绩,课程,学生

　　WHERE 成绩.课程编号＝课程.课程编号

　　AND 成绩.学号＝学生.学号

　　ORDER BY 课程.课程编号

D. SELECT 课程.课程名称,学生.姓名,MAX(成绩)AS 最高分

　　FROM 成绩,课程,学生

　　WHERE 成绩.课程编号＝课程.课程编号

　　AND 成绩.学号＝学生.学号

　　ORDER BY 课程.课程编号

32. 定义"课程"表中"开课系名"字段的默认值为"中文"的正确命令是( )。

A. ALTER TABLE 课程 ALTER 开课系名 SET DEFAULT 中文

B. ALTER TABLE 课程 ALTER 开课系名 SET DEFAULT"中文"

C. ALTER TABLE 课程 ALTER 开课系名 SET DEFAULT 开课系名＝中文

D. ALTER TABLE 课程 ALTER 开课系名 SET DEFAULT 开课系名＝"中文"

33. 查询所有选修了"计算机网络"的学生成绩,结果显示该学生的"姓名"、"系名"和"数据库原理"的"成绩",并按成绩由高到低的顺序排列,下列语句中正确的是( )。

A. SELECT 学生.姓名,学生.系名,成绩.成绩 FROM 学生,课程,成绩

　　FOR 学生.学号＝成绩.学号

　　AND 课程.课程编号＝成绩.课程编号

　　AND 课程.课程名称="计算机网络"

　　ORDER BY 成绩.成绩 DESC

B. SELECT 学生.姓名,学生.系名,成绩.成绩 JOIN 学生,课程,成绩

　　ON 学生.学号＝成绩.学号

　　ON 课程.课程编号＝成绩.课程编号

　　AND 课程.课程名称="计算机网络"

　　ORDER BY 成绩.成绩 DESC

C. SELECT 学生.姓名,学生.系名,成绩.成绩 FROM 学生,课程,成绩

WHERE 学生.学号＝成绩.学号

OR 课程.课程编号＝成绩.课程编号

OR 课程.课程名称＝"计算机网络"

ORDER BY 成绩.成绩 DESC

D. SELECT 学生.姓名,学生.系名,成绩.成绩 FROM 学生,课程,成绩

WHERE 学生.学号＝成绩.学号

AND 课程.课程编号＝成绩.课程编号

AND 课程.课程名称＝"计算机网络"

ORDER BY 成绩.成绩 DESC

34. 将"学生"表中"系名"字段的宽度由原来的 6 改为 10,正确的语句是（　　）。

A. ALTER TABLE 学生 ADD 系名(10)

B. ALTER TABLE 学生 FOR 系名 C(10)

C. ALTER TABLE 学生 ALTER 系名 C(10)

D. ALTER TABLE 学生 SET 系名 C(10)

35. 在已打开数据库的情况下,利用 SQL 派生一个包含姓名、课程名称和成绩字段的 xsview 视图,正确的语句是（　　）。

A. CREATE VIEW xsview AS

SELECT 学生.姓名,课程.课程名称,成绩.成绩

FROM 学生 INNER JOIN 成绩

INNER JOIN 课程

WHERE 成绩.课程编号＝课程.课程编号

AND 学生.学号＝成绩.学号

B. CREATE VIEW xsview AS

(SELECT 学生.姓名,课程.课程名称,成绩.成绩

FROM 学生 INNERJOIN 成绩

INNER JOIN 课程

ON 成绩.课程编号＝课程.课程编号

ON 学生.学号＝成绩.学号)

C. CREATE VIEW xsview AS

SELECT 学生.姓名,课程.课程名称,成绩.成绩

WHERE 学生 INNER JOIN 成绩

INNER JOIN 课程

ON 成绩.课程编号＝课程.课程编号

ON 学生.学号＝成绩.学号

D. CREATE VIEW xsview AS

SELECT 学生.姓名,课程.课程名称,成绩.成绩

FROM 学生 INNER JOIN 成绩

INNER JOIN 课程

ON 成绩.课程编号＝课程.课程编号

ON 学生.学号＝成绩.学号

二、填空题

1. 数据模型分为格式化模型与非格式化模型,层次模型与网状模型属于_____。

2. 排序是计算机程序设计中的一种重要操作,常见的排序方法有插入排序、_____和选择排序。

3. 软件结构是以_____为基础而组成的一种控制层次结构。

4.栈中允许进行插入和删除的一端叫_____。

5.在结构化设计方法中,数据流图表达了问题中的数据流与加工间的关系,并且每一个_____实际上对应一个处理模块。

6.AT("IS","THAT IS A NEWBOOK")的运算结果是_____。

7.单击表单中的命令按钮,要求弹出一个"您好!"的消息对话框,应该在命令按钮的 Click 事件中编写代码:_____("您好!")

8.为了把多对多的联系分解成两个一对多联系所建立的"纽带表"中,应该包含两个表的_____。

9.SQL插入记录的命令是 INSERT,删除记录的命令是_____,修改记录的命令是_____。

10.MOD(17,−3)函数的返回值是_____。

11.在 SQL 语句中,为了避免查询到的记录重复,可用_____短语。

12.在 Visual FoxPro 中,可以使用_____语句跳出 SCAN...ENDSCAN 循环体外执行 ENDSCAN 后面的语句。

13.设有学生表 XS(学号,课程号,成绩),用 SQL 语句检索每个学生的成绩总和的语句是:
SELECT 学号,SUM(成绩)FROM XS_____。

14.函数 VAL("12/06/01")的参数类型为_____。

第2套　笔试考试试题

一、选择题

1. 线性表 L＝(a1,a2,a3,…ai,…,an),下列说法正确的是(　　)。

   A. 每个元素都有一个直接前驱和直接后继

   B. 线性表中至少要有一个元素

   C. 表中诸元素的排列顺序必须是由小到大或由大到小

   D. 除第一个元素和最后一个元素外,其余每个元素都有且只有一个直接前驱和直接后继

2. 下列关于完全二叉树的叙述中,错误的是(　　)。

   A. 除了最后一层外,每一层上的结点数均达到最大值

   B. 可能缺少若干个左右叶子结点

   C. 完全二叉树一般不是满二叉树

   D. 具有结点的完全二叉树的深度为 $[\log_2 n]+1$

3. 对长度为 n 的线性表进行顺序查找,在最坏情况下需要比较的次数为(　　)。

   A. 125　　　　　　　　　　　　　　　　　B. n/2

   C. n　　　　　　　　　　　　　　　　　　D. n＋1

4. 下列选项中不属于结构化程序设计方法的是(　　)。

   A. 自顶向下　　　　　　　　　　　　　　B. 逐步求精

   C. 模块化　　　　　　　　　　　　　　　D. 可复用

5. 软件需求分析阶段的工作,可以分为4个方面:需求获取、需求分析、编写需求规格说明书以及(　　)。

   A. 阶段性报告　　　　　　　　　　　　　B. 需求评审

   C. 总结　　　　　　　　　　　　　　　　D. 都不正确

6. 下列叙述中,不属于测试的特征的是(　　)。

   A. 测试的挑剔性　　　　　　　　　　　　B. 完全测试的不可能性

   C. 测试的可靠性　　　　　　　　　　　　D. 测试的经济性

7. 模块独立性是软件模块化所提出的要求,衡量模块独立性的度量标准是模块的(　　)。

   A. 抽象和信息隐蔽　　　　　　　　　　　B. 局部化和封装化

   C. 内聚性和耦合性　　　　　　　　　　　D. 激活机制和控制方法

8. 下列关于软件测试的描述中正确的是(　　)。

   A. 软件测试的目的是证明程序是否正确

   B. 软件测试的目的是使程序运行结果正确

   C. 软件测试的目的是尽可能地多发现程序中的错误

   D. 软件测试的目的是使程序符合结构化原则

9. 下列工具中为需求分析常用工具的是(　　)。

   A. PAD　　　　　　　　　　　　　　　　B. PFD

   C. N－S　　　　　　　　　　　　　　　D. DFD

10. 下列特征中不是面向对象方法的主要特征的是(　　)。

    A. 多态性　　　　　　　　　　　　　　　B. 继承

    C. 封装性　　　　　　　　　　　　　　　D. 模块化

11. 下列常量中格式正确的是(　　)。

    A. ＄1.23E4　　　　　　　　　　　　　　B. "计算机"等级考试"

    C. .False.　　　　　　　　　　　　　　　D. {^2003/01/13}

12. 在 Visual FoxPro 中,字段的数据类型不可以指定为(   )。

A. 日期型 　　　　　　　　　　　　　　B. 时间型

C. 通用型 　　　　　　　　　　　　　　D. 备注型

13. 在创建数据库结构时,为该表中一些字段建立普通索引,其目的是(   )。

A. 改变表中记录的物理顺序 　　　　　　B. 为了对表进行实体完整性约束

C. 加快数据库表的更新速度 　　　　　　D. 加快数据库表的查询速度

14. 函数 INT(<数值表达式>)的功能是(   )。

A. 返回数值表达式值的整数部分 　　　　B. 按四舍五入取数值表达式值的整数部分

C. 返回不小于数值表达式值的最小整数 　D. 返回不大于数值表达式值的最大整数

15. 用鼠标双击对象时所引发的事件是(   )。

A. Click 　　　　　　　　　　　　　　B. DblClick

C. RightClick 　　　　　　　　　　　　D. LeftClick

16. 为学生表建立普通索引,要求按"学号"字段升序排列,如果学号(C,4)相等,则按成绩(N,3)升序排列,下列语句正确的是(   )。

A. INDEX ON 学号,成绩 TO XHCJ 　　B. INDEX ON 学号+成绩 TO XHCJ

C. INDEX ON 学号,STR(成绩,3)TOXHCJ 　D. INDEX ON 学号+STR(成绩,3)TO XHCJ

17. 表达式 VAL(SUBS("奔腾 586",5,1)) * Len("Visual FoxPro")的结果是(   )。

A. 13.00 　　　　　　　　　　　　　　B. 14.00

C. 45.00 　　　　　　　　　　　　　　D. 65.00

18. 设 MY.DBF 数据库中共有 10 条记录,执行下列命令序列:

USE MY

GOTO 2

DISPLAY ALL

? RECNO()

执行最后一条命令后,屏幕显示的值是(   )。

A. 2 　　　　　　　B. 3 　　　　　　　C. 10 　　　　　　　D. 11

19. 在成绩表中要求按"物理"降序排列,并查询前两名的学生姓名,正确的语句是(   )。

A. SELECT 姓名 TOP 2 EROM 成绩表 WHERE 物理 DESC

B. SELECT 姓名 TOP 2 FROM 成绩表 FOR 物理 DESC

C. SELECT 姓名 TOP 2 FROM 成绩表 GROUP BY 物理 DESC

D. SELECT 姓名 TOP 2 FROM 成绩表 ORDER BY 物理 DESC

20. 在 Visual FoxPro 中,使用 LOCATE FOR<exp>命令按条件查找记录,当查找到满足条件的第 1 条记录后,如果还需要查找下一条满足条件的记录,应使用(   )。

A. LOCATE.FOR<exp>命令 　　　　　　B. SKIP 命令

C. CONTINUE 命令 　　　　　　　　　D. GO 命令

21. 在 Visual FoxPro 中,下列选项中数据类型所占字符的字节数相等的是(   )。

A. 字符型和逻辑型 　　　　　　　　　　B. 日期型和备注型

C. 逻辑型和通用型 　　　　　　　　　　D. 通用型和备注型

22. 在程序中用 WITH MyForm...ENDWITH 修改表单对象的属性再显示该表单,其中"..."所书写的正确代码是(   )。

A. Width=500 　　　　　　　　　　　　B. MyForm.Width=500

　　Show 　　　　　　　　　　　　　　　　MyForm.Show

C. .Width=500 　　　　　　　　　　　　D. ThisForm.Width=500

　　.Show 　　　　　　　　　　　　　　　　ThisForm.Show

< 11 >

23. 在 Visual FoxPro 中,用来指明复选框的当前状态的属性是(　　)。

A. Value

B. Caption

C. Status

D. ControlSource

24. 下列关于 SQL 的超连接查询的描述中,说法不正确的是(　　)。

A. Visual FoxPro 支持超连接运算符"＊＝"和"＝＊"

B. 在 SQL 中可以进行内部连接、左连接、右连接和全连接

C. SQL 的超连接运算符"＊＝"代表左连接,"＝＊"代表右连接

D. 即使两个表中的记录不满足连接条件,也会在目标表或查询结果中出现,只是不满足条件的记录对应部分为空值

25. 假定所创建表单对象的 Click 事件也可以修改该表单对象的 Caption 属性。为了在程序运行中修改由语句 Myform＝CreateObject("form")所创建对象的 Caption 属性,下面语句中不可以使用的是(　　)。

A. WITH Myform

B. Myform. Click

　. Caption＝"我的菜单"

　　　ENDWITH

C. Myform. Caption＝"我的菜单"

D. Thisform. Caption＝"我的菜单"

26. 检索尚未确定的供应商的订单号,正确的语句是(　　)。

A. SELECT ＊ FROM 订购单 WHERE 供应商号 NULL

B. SELECT ＊ FROM 订购单 WHERE 供应商号＝NULL

C. SELECT ＊ FROM 订购单 WHERE 供应商号 IS NULL

D. SELECT ＊ FROM 订购单 WHERE 供应商号 IS NOT NULL

27. 在 Visual FoxPro 中,关于查询和视图的正确描述是(　　)。

A. 查询是一个预先定义好的 SQL SELECT 语句文件

B. 视图是一个预先定义好的 SQL SELECT 语句文件

C. 查询和视图是同一种文件,只是名称不同

D. 查询和视图都是一个存储数据的表

28. 下列关于数据环境及表间关系的说法,正确是(　　)。

A. 数据环境是对象,关系不是对象

B. 数据环境不是对象,关系是对象

C. 数据环境和关系都不是对象

D. 数据环境是对象,关系是数据环境中的对象

29. 在 SQL 的数据定义功能中,删除表字段名的命令格式是(　　)。

A. ALTER TABLE 数据表名 DELETE COLUMN 字段名

B. ALTER TABLE 数据表名 DROP COLUMN 字段名

C. ALTER TABLE 数据表名 CANCEL COLUMN 字段名

D. ALTER TABLE 数据表名 CUT COLUMN 字段名

30. SQL 语句中进行空值运算时,需要使用到的短语是(　　)。

A. NULL

B. ＝NULL

C. IS NULL

D. IS NOT NULL

第31～35题使用如下表的数据:

部门表

部　门　号	部　门　名　称
40	家用电器部
10	电视录像机部
20	电话手机部
30	计算机部

商品表

部 门 号	商 品 号	商品名称	单 价	数 量	产 地
40	0101	A牌电风扇	200.00	10	广东
40	0104	A牌微波炉	350.00	10	广东
40	0105	B牌微波炉	600.00	10	广东
20	1032	C牌传真机	1000.00	20	上海
40	0107	D牌微波炉_A	420.00	10	北京
20	0110	A牌电话机	200.00	50	广东
20	0112	B牌手机	2000.00	10	广东
40	0202	A牌电冰箱	3000.00	2	广东
30	1041	B牌计算机	6000.00	10	广东
30	0204	C牌计算机	10000.00	10	上海

31. SQL 语句

SELECT 部门号,MAX(单价*数量)FROM 商品表 GROUP BY 部门号

查询结果中记录的条数为( )。

A.1   B.4   C.3   D.10

32. SQL 语句

SELECT 产地,COUNT(*)

FROM 商品表

WHERE 单价＞200

GROUP BY 产地 HAVING COUNT(*)＞＝2

ORDER BY 2 DESC

查询结果的第一条记录的产地和提供的商品种类数是( )。

A.北京,1   B.上海,2

C.广东,5   D.广东,7

33. SQL 语句

SELECT 部门表.部门号,部门名称,SUM(单价*数量)

FROM 部门表,商品表

WHERE 部门表.部门号＝商品表.部门号

GROUP BY 部门表.部门号

查询结果是( )。

A.各部门商品数量合计   B.各部门商品金额合计

C.所有商品金额合计   D.各部门商品金额平均值

34. SQL 语句

SELECT 部门表.部门号,部门名称,商品号,商品名称,单价

FROM 部门表,商品表

WHERE 部门表.部门号＝商品表.部门号

ORDER BY 部门表.部门号 DESC,单价

查询结果的第一条记录的商品号是( )。

A.0101   B.0202   C.0110   D.0112

35. SQL 语句

SELECT 部门名称 FROM 部门表 WHERE 部门号 IN

(SELECT 部门号 FROM 商品表 WHERE 单价 BETWEEN 420 AND 1000)

查询结果是( )。

A. 家用电器部、电话手机部　　　　　　　　B. 家用电器部、计算机部

C. 电话手机部、电视录摄像机部　　　　　　D. 家用电器部、电视录摄像机部

二、填空题

1. 数据库系统的主要特点为数据集成性、数据的高_____和低冗余性、数据独立性和数据统一管理和控制。

2. 数据库保护分为安全性控制、_____、并发性控制和数据的恢复。

3. 软件生命周期分为软件定义期、软件开发期和软件维护期，详细设计属于_____的一个阶段。

4. 在进行模块测试时，要为每个被测试的模块另外设计两类模块：驱动模块和承接模块，其中_____的作用是将测试数据传送给被测试的模块，并显示被测试模块所产生的结果。

5. 树中度为零的结点称为_____。

6. 将成绩表中总分字段的默认值设置为 0，这属于定义数据_____完整性。

7. 在将设计好的表单存盘时，系统将生成扩展名分别是 SCX 和_____的两个文件。

8. 在 Visual FoxPro 中，基类的最小事件集包括_____、ERROR 和 DESTROY。

9. 执行？AT("a+b＝c","＋")语句后，屏幕显示的结果为_____。

10. BETWEEN(45,30,48)的运算结果是_____。

11. 在 Visual FoxPro 中通过建立主索引或候选索引来实现_____完整性约束。

12. 检索学生信息表中"籍贯"为"海南"的学生记录，将结果保存到表 xx 中，其 SQL 语句为：

SELECT * FROM 学生信息表 WHERE 籍贯＝"海南"_____ xx

13 在学生成绩表中，只显示分数最高的前 5 名学生的记录，SQL 语句为：

SELECT * _____5 FROM 成绩表 ORDER BY 总分 DESC。

14. 某选课表中包含的字段有：学号 N(6)、课程号 C(6)、成绩 N(4)。要查询每门课程的学生人数，要求显示课程号和学生人数，则对应的 SQL 语句为：

SELECT 课程号,COUNT 学号 AS 学生人数 FROM 选课表

GROUP BY _____。

15. 要编辑容器中的对象，必须首先激活容器。激活容器的方法是：右击容器，在弹出的快捷菜单中选定_____命令。

➡ 第3套 笔试考试试题

一、选择题

1. 数据的存储结构是指（　　）。

A. 存储在外存中的数据

B. 数据所占的存储空间量

C. 数据在计算机中的顺序存储方式

D. 数据的逻辑结构在计算机中的表示

2. 对于长度为 n 的线性表,在最坏情况下,下列各排序法所对应的比较次数中正确的是（　　）。

A. 冒泡排序 n/2

B. 冒泡排序为 n

C. 快速排序为 n

D. 快速排序为 n(n−1)/2

3. 栈和队列的共同点是（　　）。

A. 都是先进先出

B. 都是先进后出

C. 只允许在端点处插入和删除元素

D. 没有共同特点

4. 下列二叉树的中序遍历的结果为（　　）。

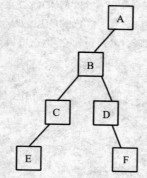

A. ABCEDF　　　　　　B. ABCDEF　　　　　　C. ECBDFA　　　　　　D. ECFDBA

5. 要建立良好的程序设计风格,下列描述中正确的是（　　）。

A. 程序应该简单、清晰、可读性好

B. 符号名的命名只需要符合语法

C. 充分考虑程序的执行效率

D. 程序的注释可有可无

6. 下列叙述中正确的是（　　）。

A. 在面向对象的程序设计中,各个对象之间具有密切的关系

B. 在面向对象的程序设计中,各个对象都是公用的

C. 在面向对象的程序设计中,各个对象之间相对独立,相互依赖性小

D. 上述 3 种说法都不对

7. 为了提高软件模块的独立性,模块之间最好是（　　）。

A. 控制耦合

B. 公共耦合

C. 内容耦合

D. 数据耦合

8. 数据独立性是数据库技术的重要特点之一。所谓数据独立性是指（　　）。

A. 数据与程序独立存放

B. 不同的数据被存放在不同的文件中

C. 不同的数据只能被对应的应用程序所使用

D. 以上三种说法都不对

9. 下列描述中正确的是（　　）。

A. 软件工程只是解决软件项目的管理问题

B. 软件工程主要解决软件产品的生产率问题

< 15 >

C. 软件工程的主要思想是强调在软件开发过程中需要应用工程化原则

D. 软件工程只是解决软件开发过程中的技术问题

10. 对关系 S 和 R 进行集合运算,结果中既包含 S 中的所有元组也包含 R 中的所有元组,这样的集合运算称为(　　)。

A. 并运算　　　　　　　　　　　　　　　　B. 交运算

C. 差运算　　　　　　　　　　　　　　　　D. 积运算

11. 在 Visual FoxPro 中,表结构中的逻辑型、通用型、日期型字段的宽度由系统自动给出,它们分别为(　　)。

A. 1,4,8　　　　　　　　　　　　　　　　B. 4,4,10

C. 1,10,8　　　　　　　　　　　　　　　　D. 2,8,8

12. Visual FoxPro 是一种关系数据库管理系统,所谓关系是指(　　)。

A. 表中各条记录彼此有一定关系　　　　　　B. 表中各个字段彼此有一定关系

C. 一个表与另一个表之间有一定关系　　　　D. 数据模型符合满足一定条件的二维表格式

13. 如果要从字符串"计算机等级考试"中取出"考试"这两个字,下列函数使用错误的是(　　)。

A. SUBSTR("计算机等级考试",11)　　　　　B. SUBSTR("计算机等级考试",5,3)

C. RIGHT("计算机等级考试",2)　　　　　　D. LEFT("计算机等级考试",4)

14. 要判断数值型变量 Y 是否能够被 8 整除,错误的条件表达式为(　　)。

A. INT(Y/8)=Y/8　　　　　　　　　　　　B. MOD(Y,8)=0

C. INT(Y/8)=MOD(Y,8)　　　　　　　　　D. MOD(Y,8)=MOD(8,8)

15. 主文件名与表的主文件名相同,并且随表的打开而自动打开,在增加记录或修改索引关键字值时会随着自动更新的索引文件是(　　)。

A. 复合索引文件　　　　　　　　　　　　　B. 结构复合压缩索引文件

C. 非结构复合索引文件　　　　　　　　　　D. 单一索引文件

16. STR(123.45,5,1)命令的输出结果是(　　)。

A. 123.4　　　　　　　　　　　　　　　　B. 123.5

C. 123.45　　　　　　　　　　　　　　　　D. * * * * *

17. 有如下赋值语句,结果为"大家好"的表达式是(　　)。

a="你好"

b="大家"

A. b+AT(a,1)　　　　　　　　　　　　　　B. b+RIGHT(a,1)

C. b+LEFT(a,3,4)　　　　　　　　　　　　D. b+RIGHT(a,2)

18. 下列关于索引的说法中错误的是(　　)。

A. 在 SQL 的基本表中用索引机制来弥补没有关键码的概念

B. 索引属于物理存储的路径概念,而不是逻辑的概念

C. SQL 中的索引是显式索引

D. 一个索引键可以对应多个列

19. 执行 SELECT 0 选择工作区的结果是(　　)。

A. 退出工作区　　　　　　　　　　　　　　B. 不选择工作区

C. 选择 0 号工作区　　　　　　　　　　　　D. 选择了空闲的最小号工作区

20. 下列关于接收参数和传送参数的说法中,正确的是(　　)。

A. 传送参数和接收参数的名称必须相同

B. 传送参数和接收参数排列顺序和数据类型必须一一对应

C. 接收参数的语句 PARAMTERS 可以放在程序中的任意位置

D. 通常传送参数的语句 DO-WITH 和接收参数的语句 PARSMETERS 不必搭配成对,可以单独使用

21. 下列关于自由表的叙述中,正确的是(　　)。

A. 全部是用以前版本的 FoxPro(FoxBASE)建立的表

B. 可以用 Visual FoxPro 建立,但是不能把它添加到数据库中

C. 自由表可以添加到数据库中,数据库表也可以从数据库中移出成为自由表

D. 自由表可以添加到数据库中,但数据库表不可以从数据库中移出成为自由表

22. 在 SQL SELECT 语句中,用于实现关系的选择运算的短语是(   )。

A. FOR
B. WHILE
C. WHERE
D. CONDITION

23. 要求为当前表建立一个候选索引,索引表达式为"职工号",索引名为 zgh,则下列各语句中,正确的是(   )。

A. INDEX ON 职工号 TAG zgh UNIQUE

B. INDEX TO 职工号 TAG zgh UNIQUE

C. INDEX ON 职工号 TAG zgh CANDIDATE

D. INDEX TO 职工号 TAG zgh CANDIDATE

24. 有关查询设计器,正确的描述是(   )。

A. "连接"选项卡与 SQL 语句的 GROUP BY 短语对应

B. "筛选"选项卡与 SQL 语句的 HAVING 短语对应

C. "排序依据"选项卡与 SQL 语句的 ORDER BY 短语对应

D. "分组依据"选项卡与 SQL 语句的 JOIN ON 短语对应

25. 以下属于容器类控件的是(   )。

A. Text
B. Form
C. Label
D. Commandbutton

26. 在表单数据环境中,将环境中所包含的表字段拖到表单中,根据字段类型的不同将产生相应的表单控件,下列各项中,对应正确的一项是(   )。

A. 字符型字段→标签
B. 逻辑型字段→文本框
C. 备注型字段→编辑框
D. 数据表→列表框

27. 以下程序运行后屏幕显示的结果是(   )。

```
S=0
FOR X=2TO 10 STEP 2
    S=S+X
ENDFOR
? S
RETURN
```

A. 10
B. 20
C. 30
D. 40

28. 在表单设计中,This 关键字的含义是指(   )。

A. 当前对象的直接容器对象
B. 当前对象所在的表单
C. 当前对象
D. 当前对象所在的表单集

29. SQL 用于显示部分查询结果的 TOP 短语,必须与下列哪个短语同时使用才有效(   )。

A. HAVING
B. DISTINCT
C. ORDER BY
D. GROUP BY

30. SQL 语句"DELETE FROM 学生 WHERE 年龄>25"的功能是(   )。

A. 删除学生表
B. 删除学生表中的年龄字段
C. 将学生表中年龄大于 25 的记录逻辑删除
D. 将学生表中年龄大于 25 的记录物理删除

第 31~35 题使用下列数据表。

"班级"表:

班级号	班级名
11	信息 200801 班
12	信息 200802 班
21	计算机 200801 班

| | 22 | | 计算机200802班 | | | |

"班级"表：

教师编号	姓名	班级号	工资	职称	电话
T11	李清	11	1 500.00	讲师	65854587
T22	王晓黎	12	2200.00	教授	63525876
T33	欧倩倩	11	1600.00	讲师	65548478
T44	刘宏	21	1200.00	助教	63252585
T55	赵虎	22	2100.00	教授	68989854
T66	胡丽丽	22	1400.00	讲师	65847952
T77	刘纷	12	1100.00	助教	65847931

31. 下列 SQL 语句执行后,查询结果共显示几条记录(　　)。

SELECT 姓名,MIN(工资)FROM 教师 GROUP BY 班级号

A.0　　　　　　　　　B.1　　　　　　　　　C.4　　　　　　　　　D.7

32. 下列 SQL 语句执行后,查询结果的第一条记录的"职工号"是(　　)。

SELECT 班级号,姓名,工资

FROM 教师

ORDER BY 班级号,工资 DESC

A. T11　　　　　　　　B. T33　　　　　　　　C. T55　　　　　　　　D. T66

33. 下列 SQL 语句执行后,查询结果是(　　)。

SELECT 班级.班级名,SUM(工资)

FROM 班级,教师

WHERE 班级.班级号＝教师.班级号

GROUP BY 班级.班级号

A.各个班级教师工资的平均工资　　　　　　　B.各个班级教师的工资合计

C.所有教师工资的平均工资　　　　　　　　　D.所有教师的工资合计

34. 下列 SQL 语句执行后,执行结果的第一记录的值为(　　)。

SELECT 班级.班级名,COUNT(职称)AS 人数

FROM 班级,教师

WHERE 班级.班级号＝教师.班级号 AND 职称＝"讲师"

GROUP BY 班级.班级号

ORDER BY 2

A.信息 200801 班　　　　　　　　　　　　　B.信息 200802 班

C.计算机 200801 班　　　　　　　　　　　　D.计算机 200802 班

35. 执行下列 SQL 语句,Result 表中的记录个数是(　　)。

SELECT DISTINCT 工资 FROM 教师

WHERE 工资＝(SELECT MAX(工资)FROM 教师)

INTO TABLE Result

A.1　　　　　　　　　B.2　　　　　　　　　C.3　　　　　　　　　D.4

二、填空题

1.在面向对象方法中,_____描述的是具有相似属性与操作的一组对象。

2.在关系数据库中,把数据表示成二维表,每一个二维表称为_____。

3.软件工程研究的内容主要包括:_____技术和软件工程管理。

4.数据库系统其内部分为三级模式,即概念模式、内模式和外模式。其中,_____是用户的数据视图,也就是用户所见到的数据模式。

5.排序是计算机程序设计中的一种重要操作,常见的排序方法有插入排序、_____和选择排序。

6.使用数据库设计器为两个表建立联系,首先应在父表中建立_____索引,在子表中建立_____索引。

7. 修改表单的_____属性值,可以修改表单的背景颜色。

8. 要将表单设置为顶层表单,应将表单的_____属性值设置为"2—作为顶层表单"。

9. 条件函数 IIF(LEN(SPACE(4))>6,"TRUE","FALSE")的返回值是_____。

10. SQL 语句中,_____命令短语的功能是修改表中的记录。

11. 在 SQL 语句中,为了避免查询到的记录重复,可用_____短语。

12. 设有学生表 XS(学号,课程号,成绩),用 SQL 语句检索每个学生的成绩总和的语句是:
SELECT 学号,SLJM(成绩)FROM XS_____。

13. 调用表单的_____方法可以重新绘制表单或控件,并刷新它的所有值。

14. 用当前窗体的 LABEL1 控件显示系统时间的语句是
ThisForm. Label1._____＝TIME()

< 19 >

第4套 笔试考试试题

一、选择题

1. 软件是指（　　）。

A. 程序
B. 程序和文档
C. 算法加数据结构
D. 程序、数据与相关文档的完整集合

2. 软件调试的目的是（　　）。

A. 发现错误
B. 改正错误
C. 改善软件的性能
D. 验证软件的正确性

3. 在面向对象方法中,实现信息隐蔽是依靠（　　）。

A. 对象的继承
B. 对象的多态
C. 对象的封装
D. 对象的分类

4. 下列描述中,不符合良好程序设计风格要求的是（　　）。

A. 程序的效率第一,清晰第二
B. 程序的可读性好
C. 程序中要有必要的注释
D. 输入数据前要有提示信息

5. 下列描述中正确的是（　　）。

A. 程序执行的效率与数据的存储结构密切相关
B. 程序执行的效率只取决于程序的控制结构
C. 程序执行的效率只取决于所处理的数据量
D. 以上三种说法都不对

6. 下列描述中正确的是（　　）。

A. 数据的逻辑结构与存储结构必定是一一对应的
B. 由于计算机存储空间是向量式的存储结构,因此,数据的存储结构一定是线性结构
C. 程序设计语言中的数据一般是顺序存储结构,因此,利用数组只能处理线性结构
D. 以上三种说法都不对

7. 冒泡排序在最坏情况下的比较次数是（　　）。

A. $n(n+1)/2$
B. $n\log_2 n$
C. $n(n-1)/2$
D. $n/2$

8. 一棵二叉树中共有70个叶子结点与80个度为1的结点,则该二叉树中的总结点数为（　　）。

A. 219
B. 221
C. 229
D. 231

9. 下列描述中正确的是（　　）。

A. 数据库系统是一个独立的系统,不需要操作系统的支持
B. 数据库技术的根本目标是要解决数据的共享问题
C. 数据库管理系统就是数据库系统
D. 以上三种说法都不对

10. 下列描述中正确的是（　　）。

A. 为了建立一个关系,首先要构造数据的逻辑关系
B. 表示关系的二维表中各元组的每一个分量还可以分成若干数据项
C. 一个关系的属性名表称为关系模式
D. 一个关系可以包括多个二维表

11. 在 Visual FoxPro 中,通常以窗口形式出现,用以创建和修改表、表单、数据库等应用程序组件的可视化工具称为（　　）。

A. 向导
B. 设计器
C. 生成器
D. 项目管理器

12. 命令？VARTYPE(TIME())的结果是(　　)。
A. C
B. D
C. T
D. 出错

13. 命令？LEN(SPACE(3)－SPACE(2))的结果是(　　)。
A. 1
B. 2
C. 3
D. 5

14. 在 Visual FoxPro 中,菜单程序文件的默认扩展名是(　　)。
A. .mnx
B. .mnt
C. .mpr
D. .prg

15. 要想将日期型或日期时间型数据中的年份用4位数字显示,应当使用设置命令(　　)。
A. SET CENTURY ON
B. SET CENTURY OFF
C. SET CENTURY TO 4
D. SET CENTURY OF 4

16. 已知表中有字符型字段"职称"和"性别",要建立一个索引,要求首先按"职称"排序,"职称"相同时再按"性别"排序,正确的命令是(　　)。
A. INDEX ON 职称＋性别 TO ttt
B. INDEX ON 性别＋职称 TO ttt
C. INDEX ON 职称,性别 TO ttt
D. INDEX ON 性别,职称 TO ttt

17. 在 Visual FoxPro 中,UnLoad 事件的触发时机是(　　)。
A. 释放表单
B. 打开表单
C. 创建表单
D. 运行表单

18. 命令"SELECT 0"的功能是(　　)。
A. 选择编号最小的未使用工作区
B. 选择0号工作区
C. 关闭当前工作区中的表
D. 选择当前工作区

19. 下列关于数据库表和自由表的描述中错误的是(　　)。
A. 数据库表和自由表都可以用表设计器来建立
B. 数据库表和自由表都支持表间联系和参照完整性
C. 自由表可以添加到数据库中成为数据库表
D. 数据库表可以从数据库中移出成为自由表

20. 下列关于 ZAP 命令的描述中正确的是(　　)。
A. ZAP 命令只能删除当前表的当前记录
B. ZAP 命令只能删除当前表的带有删除标记的记录
C. ZAP 命令能删除当前表的全部记录
D. ZAP 命令能删除表的结构和全部记录

21. 在视图设计器中有,而在查询设计器中没有的选项卡是(　　)。
A. 排序依据
B. 更新条件
C. 分组依据
D. 杂项

22. 在使用查询设计器创建查询时,为了指定在查询结果中是否包含重复记录(对应于 DISTINCT),应该使用的选项卡是(　　)。
A. 排序依据
B. 联接
C. 筛选
D. 杂项

23. 在 Visual FoxPro 中,过程的返回语句是(　　)。
A. GOBACK
B. COMEBACK
C. RETURN
D. BACK

24. 在数据库表上的字段有效性规则是(　　)。
A. 逻辑表达式
B. 字符表达式
C. 数字表达式
D. 以上三种都有可能

25. 假设在表单设计器环境下,表单中有一个文本框,且已经被选定为当前对象,现在从属性窗口中选择 Value 属性,然后在设置框中输入"={^2001-9-10}-{^2001-8-20}",请问以上操作后,文本框 Value 属性值的数据类型是(　　　)。

  A. 日期型   B. 数值型

  C. 字符型   D. 以上操作出错

26. 在 SQL SELECT 语句中,为了将查询结果存储到临时表,应该使用短语(　　　)。

  A. TO CURSOR   B. INTO CURSOR

  C. INTO DBF   D. TO DBF

27. 在表单设计中,经常会用到一些特定的关键字、属性和事件,下列各项中属于属性的是(　　　)。

  A. This   B. Thisform

  C. Caption   D. Click

28. 下面程序计算一个整数的各位数字之和,在下画线处应填写的语句是(　　　)。

```
SET TALK OFF
INPUT"x="TO x
s=0
DO WHILE x!=0
    s=s+MOD(x,10)
    _____
END DO
? s
SET TALK ON
```

  A. x=int(x/10)   B. x=int(x%10)

  C. x=x-int(x/10)   D. x=x-int(x%10)

29. 在 SQL 的 ALTER TABLE 语句中,为了增加一个新的字段应该使用短语(　　　)。

  A. CREATE   B. APPEND

  C. COLUMN   D. ADD

第30~35题使用如下数据表:

学生.DBF:学号(C,8),姓名(C,6),性别(C,2),出生日期(D)

选课.DBF:学号(C,8),课程号(C,3),成绩(N,5,1)

30. 查询所有 1982 年 3 月 20 日以后(含)出生、性别为男的学生,正确的 SQL 语句是(　　　)。

  A. SELECT * FROM 学生 WHERE 出生日期>={^1982-03-20}AND 性别="男"

  B. SELECT * FROM 学生 WHERE 出生日期<={^1982-03-20}AND 性别="男"

  C. SELECT * FROM 学生 WHERE 出生日期>={^1982-03-20}OR 性别="男"

  D. SELECT * FROM 学生 WHERE 出生日期<={^1982-03-20}OR 性别="男"

31. 计算刘明同学选修的所有课程的平均成绩,正确的 SQL 语句是(　　　)。

  A. SELECT AVG(成绩)FROM 选课 WHERE 姓名="刘明"

  B. SELECT AVG(成绩)FROM 学生,选课 WHERE 姓名="刘明"

  C. SELECT AVG(成绩)FROM 学生,选课 WHERE 学生.姓名="刘明"

  D. SELECT AVG(成绩)FROM 学生,选课 WHERE 学生.学号=选课.学号 AND 姓名="刘明"

32. 假定学号的第 3、4 位为专业代码,要计算各专业学生选修课程号为"101"课程的平均成绩,正确的 SQL 语句是(　　　)。

  A. SELECT 专业 AS SUBS(学号,3,2),平均分 AS AVG(成绩)FROM 选课
   WHERE 课程号="101"GROUP BY 专业

  B. SELECT SUBS(学号,3,2)AS 专业,AVG(成绩)AS 平均分 FROM 选课
   WHERE 课程号="101"GROUP BY 1

  C. SELECT SUBS(学号,3,2)AS 专业,AVG(成绩)AS 平均分 FROM 选课

< 22 >

　　WHERE 课程号＝"101"ORDER BY 专业
D. SELECT 专业 AS SUBS(学号,3,2),平均分 AS AVG(成绩)FROM 选课
　　WHERE 课程号＝"101"ORDER BY 1

33. 查询选修课程号为"101"的课程得分最高的同学,正确的 SQL 语句是(　　)。
A. SELECT 学生.学号,姓名 FROM 学生,选课 WHERE 学生.学号＝选课.学号
　　AND 课程号＝"101"AND 成绩＞＝ALL(SELECT 成绩 FROM 选课)
B. SELECT 学生.学号,姓名 FROM 学生,选课 WHERE 学生.学号＝选课.学号
　　AND 成绩＞＝ALL(SELECT 成绩 FROM 选课 WHERE 课程号＝"101")
C. SELECT 学生.学号,姓名 FROM 学生,选课 WHERE 学生.学号＝选课.学号
　　AND 成绩＞＝ALL(SELECT 成绩 FROM 选课 WHERE 课程号＝"101")
D. SELECT 学生.学号,姓名 FROM 学生,选课 WHERE 学生.学号＝选课.学号 AND
　　课程号＝"101"AND 成绩＞＝ALL(SELECT 成绩 FROM 选课 WHERE 课程号＝"101")

34. 插入一条记录到"选课"表中,学号、课程号和成绩分别是"02080111"、"103"和80,正确的 SQL 语句是(　　)。
A. INSERT INTO 选课 VALUES("02080111","103",80)
B. INSERT VALUES("02080111","103",80)TO 选课(学号,课程号,成绩)
C. INSERT VALUES("02080111","103",80)INTO 选课(学号,课程号,成绩)
D. INSERT INTO 选课(学号,课程号,成绩)FROM VALUES("02080111","103",80)

35. 将学号为"02080110"、课程号为"102"的选课记录的成绩改为92,正确的 SQL 语句是(　　)。
A. UPDATE 选课 SET 成绩 WITH 92 WHERE 学号="02080110"AND 课程号"102"
B. UPDATE 选课 SET 成绩＝92 WHERE 学号="02080110"AND 课程号＝"102"
C. UPDATE FROM 选课 SET 成绩 WITH 92 WHERE 学号="02080110"AND 课程号＝"102"
D. UPDATE FROM 选课 SET 成绩＝92 WHERE 学号="02080110"AND 课程号＝"102"

二、填空题

1. 软件需求规格说明书应具有完整性、无歧义性、正确性、可验证性、可修改性等特性,其中最重要的是_____。

2. 在两种基本测试方法中,_____测试的原则之一是保证所测模块中每一个独立路径至少要执行一次。

3. 线性表的存储结构主要分为顺序存储结构和链式存储结构。队列是一种特殊的线性表,循环队列是队列的_____存储结构。

4. 对下列二叉树进行中序遍历的结果是_____。

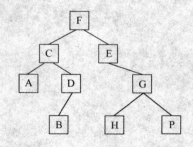

5. 在 E-R 图中,矩形表示_____。

6. 下列命令查询雇员表中"部门号"字段为空值的记录:
　　SELECT * FROM 雇员 WHERE 部门号_____

7. 在 SQL 的 SELECT 查询中,HAVING 子句不可以单独使用,总是跟在_____子句之后一起使用。

8. 在 SQL 的 SELECT 查询时,使用_____子句实现消除查询结果中的重复记录。

9. 在 Visual FoxPro 中修改表结构的非 SQL 命令是_____。

10. 在 Visual FoxPro 中,在运行表单时最先引发的表单事件是_____事件。

11. 在 Visual FoxPro 中,使用 LOCATE ALL 命令按条件对表中的记录进行查找,若查不到记录,函数 EOF()的返回值应是_____。

12. 在 Visual FoxPrO 表单中,当用户使用鼠标单击命令按钮时,会触发命令按钮的_____事件。

13. 在 Visual FoxPro 中,假设表单上有一选项组:⊙男○女,该选项组的 Value 属性值赋为 0。当其中的第一个选项按钮"男"被选中,该选项组的 Value 属性值为_____。

14. 在 Visual FoxPro 表单中,用来确定复选框是否被选中的属性是_____。

15. 在 SQL 中,插入、删除、更新命令依次是 INSERT、DELETE 和_____。

< 24 >

第5套　笔试考试试题

一、选择题

1. 程序流程图中带有箭头的线段表示的是（　　）。
A. 图元关系
B. 数据流
C. 控制流
D. 调用关系

2. 结构化程序设计的基本原则不包括（　　）。
A. 多元性
B. 自顶向下
C. 模块化
D. 逐步求精

3. 软件设计中模块划分应遵循的准则是（　　）。
A. 低内聚低耦合
B. 高内聚低耦合
C. 低内聚高耦合
D. 高内聚高耦合

4. 在软件开发中，需求分析阶段产生的主要文档是（　　）。
A. 可行性分析报告
B. 软件需求规格说明书
C. 概要设计说明书
D. 集成测试计划

5. 算法的有穷性是指（　　）。
A. 算法程序的运行时间是有限的
B. 算法程序所处理的数据量是有限的
C. 算法程序的长度是有限的
D. 算法只能被有限的用户使用

6. 对长度为 n 的线性表排序，在最坏情况下，比较次数不是 n(n-1)/2 的排序方法是（　　）。
A. 快速排序
B. 冒泡排序
C. 直接插入排序
D. 堆排序

7. 下列关于栈的叙述正确的是（　　）。
A. 栈按"先进先出"组织数据
B. 栈按"先进后出"组织数据
C. 只能在栈底插入数据
D. 不能删除数据

8. 在数据库设计中，将 E-R 图转换成关系数据模型的过程属于（　　）。
A. 需求分析阶段
B. 概念设计阶段
C. 逻辑设计阶段
D. 物理设计阶段

9. 有三个关系 R、S 和 T 如下：

R

B	C	D
a	0	k1
b	1	n1

S

B	C	D
f	3	h2
a	0	k1
n	2	x1

T

B	C	D
a	0	k1

由关系 R 和 S 通过运算得到关系 T，则所使用的运算为（　　）。
A. 并
B. 自然连接
C. 笛卡儿积
D. 交

10. 设有表示学生选课的三张表，学生 S(学号,姓名,性别,年龄,身份证号)，课程 C(课号,课名)，选课 SC(学号,课号,成绩)，则表 SC 的关键字（键或码）为（　　）。
A. 课号,成绩
B. 学号,成绩
C. 学号,课号
D. 学号,姓名,成绩

11. 在 Visual FoxPro 中，扩展名为.mnx 的文件是（　　）。
A. 备注文件
B. 项目文件
C. 表单文件
D. 菜单文件

12. 有下列赋值语句:a="计算机",b="微型",结果为"微型机"的表达式是(　　　)。

A. b+LEFT(a,3)   B. b+RIGHT(a,1)

C. b+LEFT(a,5,3)   D. b+RIGHT(a,2)

13. 在 Visual FoxPro 中,有下列内存变量赋值语句:

X={^2001-07-28 10：15：20PM}

Y=. F.

M= $ 123. 45

N=123. 45

Z="123. 24"

执行上述赋值语句之后,内存变量 X、Y、M、N 和 Z 的数据类型分别是(　　　)。

A. D、L、Y、N、C   B. T、L、Y、N、C

C. T、L、M、N、C   D. T、L、Y、N、S

14. 下列程序的运行结果是(　　　)。

```
SET EXACT ON
s="ni"+SPACE(2)
IF s="ni"
  IF s="ni"
    ?"one"
  ELSE
    ?"two"
  END IF
ELSE
  IF s="ni"
    ?"three"
  ELSE
    ?"four"
  END IF
END IF
RETURN
```

A. one   B. two   C. three   D. four

15. 如果内存变量和字段变量均有变量名"姓名",那么引用内存变量的正确方法是(　　　)。

A. M. 姓名   B. M->姓名

C. 姓名   D. A 和 B 都可以

16. 要为当前表所有性别为"女"的职工增加 100 元工资,应使用命令(　　　)。

A. REPLACE ALL 工资 WITH 工资+100

B. REPLACE 工资 WITH 工资+100 FOR 性别="女"

C. CHANGE ALL 工资 WITH 工资+100

D. CHANGE ALL 工资 WITH 工资+100 FOR 性别="女"

17. MODIFY STRUCTURE 命令的功能是(　　　)。

A. 修改记录值   B. 修改表结构

C. 修改数据库结构   D. 修改数据库或表结构

18. 可以运行查询文件的命令是(　　　)。

A. DO   B. BROWSE

C. DO QUERY   D. CREATE QUERY

19. SQL 语句中删除视图的命令是(　　)。

A. DROP TABLE

B. DROP VIEW

C. ERASE TABLE

D. ERASE VIEW

20. 设有订单表 order(其中包含字段:订单号,客户号,职员号,签订日期,金额),查询 2007 年所签订单的信息,并按金额降序排序,正确的 SQL 命令是(　　)。

A. SELECT * FROM order WHERE YEAR(签订日期)＝2007 ORDER BY 金额 DESC

B. SELECT * FROM order WHILE YEAR(签订日期)＝2007 ORDER BY 金额 ASC

C. SELECT * FROM order WHERE YEAR(签订日期)＝2007 ORDER BY 金额 ASC

D. SELECT * FROM order WHILE YEAR(签订日期)＝2007 ORDER BY 金额 DESC

21. 设有订单表 order(其中包含字段:订单号,客户号,职员号,签订日期,金额),删除 2002 年 1 月 1 日以前签订的订单记录,正确的 SQL 命令是(　　)。

A. DELETE TABLE order WHERE 签订日期＜{^2002-1-1}

B. DELETE TABLE order WHILE 签订日期＜{^2002-1-1}

C. DELETE FROM order WHERE 签订日期＜{^2002-1-1}

D. DELETE FROM order WHILE 签订日期＜{^2002-1-1}

22. 下列属于表单方法名(非事件名)的是(　　)。

A. Init

B. Release

C. Destroy

D. Caption

23. 下列表单的哪个属性设置为真时,表单运行时将自动居中(　　)。

A. AutoCenter

B. AlwaysOnTop

C. ShowCenter

D. FormCenter

24. 下列关于命令 DO FORM XX NAME YY LINKED 的陈述中,正确的是(　　)。

A. 产生表单对象引用变量 XX,在释放变量 XX 时自动关闭表单

B. 产生表单对象引用变量 XX,在释放变量 XX 时并不关闭表单

C. 产生表单对象引用变量 YY,在释放变量 YY 时自动关闭表单

D. 产生表单对象引用变量 YY,在释放变量 YY 时并不关闭表单

25. 表单里有一个选项按钮组,包含两个选项按钮 Option1 和 Option2,假设 Option2 没有设置 Click 事件代码,而 Option1 以及选项按钮组和表单都设置了 Click 事件代码,那么当表单运行时,如果用户单击 Option2,系统将(　　)。

A. 执行表单的 Click 事件代码

B. 执行选项按钮组的 Click 事件代码

C. 执行 Option1 的 Click 事件代码

D. 不会有反应

26. 下列程序段执行以后,内存变量 X 和 Y 的值是(　　)。

```
CLEAR
STORE 3 TO X
STORE 5 TO Y
PLUS((X),Y)
? X,Y
PROCEDURE PLUS
PARAMETERS A1,A2
    A1＝A1＋A2
    A2＝A1＋A2
ENDPROC
```

A. 8　13

B. 3　13

C. 3　5

D. 8　5

27. 下列程序段执行以后,内存变量 y 的值是(　　)。

```
CLEAR
x＝12345
```

```
    y＝0
    DO WHILE x＞0
        y＝y＋x％10
        x＝int(x/10)
    ENDDO
    ? y
```

A. 54321　　　　　B. 12345　　　　　C. 51　　　　　D. 15

28. 下列程序段执行后,内存变量 s1 的值是( )。

```
s1＝"network"
s1＝stuff(s1,4,4,"BIOS")
? s1
```

A. network　　　　B. netBIOS　　　　C. net　　　　D. BIOS

29. 参照完整性规则的更新规则中"级联"的含义是( )。

A. 更新父表中的连接字段值时,用新的连接字段值自动修改子表中的所有相关记录

B. 若子表中有与父表相关的记录,则禁止修改父表中的连接字段值

C. 父表中的连接字段值可以随意更新,不会影响子表中的记录

D. 父表中的连接字段值在任何情况下都不允许更新

30. 在查询设计器环境中,"查询"菜单下的"查询去向"命令指定了查询结果的输出去向,输出去向不包括( )。

A. 临时表　　　　　　　　　　　B. 表

C. 文本文件　　　　　　　　　　D. 屏幕

31. 表单名为 myForm 的表单中有一个页框 myPageFrame,将该页框的第 3 页(Page3)的标题设置为"修改",可以使用代码( )。

A. myForm. Page3. myPageFrame. Caption＝"修改"

B. myForm. myPageFrame. Caption. Page3＝"修改"

C. Thisform. myPageFrame. Page3. Caption＝"修改"

D. Thisform. myPageFrame. Caption. Page3＝"修改"

32. 向一个项目中添加一个数据库,应该使用项目管理器的( )。

A. "代码"选项卡　　　　　　　　B. "类"选项卡

C. "文档"选项卡　　　　　　　　D. "数据"选项卡

下表是用 list 命令显示的"运动员"表的内容和结构,(33)～(35)题使用该表。

记录号	运动员号	投中2分球	投中3分球	罚球
1	1	3	4	5
2	2	2	1	3
3	3	0	0	0
4	4	5	6	7

33. 为"运动员"表增加一个字段"得分"的 SQL 语句是( )。

A. CHANGE TABLE 运动员 ADD 得分 1

B. ALTER DATA 运动员 ADD 得分 1

C. ALTER TABLE 运动员 ADD 得分 1

D. CHANGE TABLE 运动员 INSERT 得分 1

34. 计算每名运动员的"得分"(33题增加的字段)的正确 SQL 语句是( )。

A. UPDATE 运动员 FIELD 得分＝2＊投中2分球＋3＊投中3分球＋罚球

B. UPDATE 运动员 FIELD 得分 WITH 2＊投中2分球＋3＊投中3分球＋罚球

C. UPDATE 运动员 SET 得分 WITH 2＊投中2分球＋3＊投中3分球＋罚球

D. UPDATE 运动员 SET 得分＝2＊投中2分球＋3＊投中3分球＋罚球

35. 检索"投中3分球"小于等于5个的运动员中"得分"最高的运动员的"得分",正确的 SQL 语句是( )。

A. SELECT MAX(得分)FROM 运动员 WHERE 投中3分球≤5

B. SELECT MAX(得分)FROM 运动员 WHEN 投中3分球≤5

C. SELECT 得分 MAX(得分)FROM 运动员 WHERE 投中3分球≤5

D. SELECT 得分 MAX(得分)FROM 运动员 WHEN 投中3分球≤5

二、填空题

1. 测试用例包括输入值集和_____值集。

2. 深度为5的满二叉树有_____个叶子结点。

3. 设某循环队列的容量为50,头指针 front=5(指向队头元素的前一位置),尾指针 rear=29(指向队尾元素),则该循环队列中共有_____个元素。

4. 在关系数据库中,用来表示实体之间联系的是_____。

5. 在数据库管理系统提供的数据定义语言、数据操纵语言和数据控制语言中,_____负责数据的模式定义与数据的物理存取构建。

6. 在基本表中,要求字段名_____重复。

7. SQL 的 SELECT 语句中,使用_____子句可以消除结果中的重复记录。

8. 在 SQL 的 WHERE 子句的条件表达式中,字符串匹配(模糊查询)的运算符是_____。

9. 数据库系统中对数据库进行管理的核心软件是_____。

10. 使用 SQL 的 CREATE TABLE 语句定义表结构时,用_____短语说明主关键字(主索引)。

11. 在 SQL 中,要查询表 S 在 AGE 字段上取空值的记录,正确的 SQL,语句为:

SELECT * FROM S WHERE_____

12. 在 Visual FoxPro 中,使用 LOCATE ALL 命令按条件对表中的记录进行查找,若查不到记录,函数 EOF()的返回值应是_____。

13. 在 Visual FoxPro 中,假设当前文件夹中有菜单程序文件 mymenu. mpr,运行该菜单程序的命令是_____。

14. 在 Visual FoxPro 中,如果要在子程序中创建一个只在本程序中使用的变量 x1(不影响上级或下级的程序),应该使用_____说明变量。

15. 在 Visual FoxPro 中,在当前打开的表中物理删除带有删除标记记录的命令是_____。

< 29 >

第6套 笔试考试试题

一、选择题

1. 一个栈的初始状态为空。现将元素1、2、3、4、5、A、B、C、D、E依次入栈,然后再依次出栈,则元素出栈的顺序是( )。

A. 12345ABCDE

B. EDCBA54321

C. ABCDE12345

D. 54321EDCBA

2. 下列叙述中正确的是( )。

A. 循环队列有队头和队尾两个指针,因此,循环队列是非线性结构

B. 在循环队列中,只需要队头指针就能反映队列中元素的动态变化情况

C. 在循环队列中,只需要队尾指针就能反映队列中元素的动态变化情况

D. 循环队列中元素的个数是由队头指针和队尾指针共同决定的

3. 在长度为 n 的有序线性表中进行二分查找,最坏情况下需要比较的次数是( )。

A. $O(n)$

B. $O(n^2)$

C. $O(\log_2 n)$

D. $O(n\log_2 n)$

4. 下列叙述中正确的是( )。

A. 顺序存储结构的存储一定是连续的,链式存储结构的存储空间不一定是连续的

B. 顺序存储结构只针对线性结构,链式存储结构只针对非线性结构

C. 顺序存储结构能存储有序表,链式存储结构不能存储有序表

D. 链式存储结构比顺序存储结构节省存储空间

5. 数据流图中带有箭头的线段表示的是( )。

A. 控制流

B. 事件驱动

C. 模块调用

D. 数据流

6. 在软件开发中,需求分析阶段可以使用的工具是( )。

A. N-S 图

B. DFD 图

C. PAD 图

D. 程序流程图

7. 在面向对象方法中,不属于"对象"基本特点的是( )。

A. 一致性

B. 分类性

C. 多态性

D. 标识唯一性

8. 一间宿舍可住多个学生,则实体宿舍和学生之间的联系是( )。

A. 一对一

B. 一对多

C. 多对一

D. 多对多

9. 在数据管理技术发展的 3 个阶段中,数据共享最好的是( )。

A. 人工管理阶段

B. 文件系统阶段

C. 数据库系统阶段

D. 3 个阶段相同

10. 有如下 3 个关系 R、S 和 T:

R			S			T		
A	B		B	C		A	B	C
m	1		1	3		m	1	3
n	2		3	5				

由关系 R 和 S 通过运算得到关系 T,则所使用的运算为( )。

A. 笛卡儿积

B. 交

C. 并

D. 自然连接

11. 设置表单标题的属性是(　　)。

A. Title
B. Text
C. Biaoti
D. Caption

12. 释放和关闭表单的方法是(　　)。

A. Release
B. Delete
C. LostFocus
D. Destory

13. 从表中选择字段形成新关系的操作是(　　)。

A. 选择
B. 连接
C. 投影
D. 并

14. MODIFY COMMAND命令建立的文件的默认扩展名是(　　)。

A. prg
B. app
C. cmd
D. exe

15. 说明数组后,数组元素的初值是(　　)。

A. 整数 0
B. 不定值
C. 逻辑真
D. 逻辑假

16. 扩展名为 mpr 的文件是(　　)。

A. 菜单文件
B. 菜单程序文件
C. 菜单备注文件
D. 菜单参数文件

17. 执行下列程序段以后,内存变量 Y 的值是(　　)。

```
x=76543
y=0
DO WHILE x>0
    y=x%10+y*10
    x=int(x/1 0)
ENDDO
```

A. 3456
B. 34567
C. 7654
D. 76543

18. 在 SQL SELECT 查询中,为了使查询结果排序应该使用短语(　　)。

A. ASC
B. DESC
C. GROUP BY
D. ORDER BY

19. 设 a="计算机等级考试",结果为"考试"的表达式是(　　)。

A. Left(a,4)
B. Right(a,4)
C. Left(a,2)
D. Right(a,2)

20. 下列关于视图和查询的叙述中,正确的是(　　)。

A. 视图和查询都只能在数据库中建立
B. 视图和查询都不能在数据库中建立
C. 视图只能在数据库中建立
D. 查询只能在数据库中建立

21. 在 SQL SELECT 语句中与 INTO TABLE 等价的短语是(　　)。

A. INTO DBF
B. TO TABLE
C. INTO FORM
D. INTO FILE

22. CREATE DATABASE 命令用来建立(　　)。

A. 数据库
B. 关系
C. 表
D. 数据文件

23. 欲执行程序 temp.prg,应该执行的命令是(　　)。

A. DO PRG temp.prg
B. DO temp.prg
C. DO CMD temp.prg
D. DO FORM temp.prg

24.执行命令 MyForm＝CreateObject("Form")可以建立一个表单,为了让该表单在屏幕上显示,应该执行命令(　　)。

A. MyForm. List

B. MyForm. Display

C. MyForm. Show

D. MyForm. ShowForm

25.假设有 student 表,可以正确添加字段"平均分数"的命令是(　　)。

A. ALTER TABLE student ADD 平均分数 F(6,2)

B. ALTER DBF student ADD 平均分数 F 6,2

C. CHANGE TABLE student ADD 平均分数 F(6,2)

D. CHANGE TABLE student INSERT 平均分数 6,2

26.页框控件也称做选项卡控件,在一个页框中可以有多个页面,页面个数的属性是(　　)。

A. Count

B. Page

C. Num

D. PageCount

27.打开已经存在的表单文件的命令是(　　)。

A. MODIFY FORM

B. EDIT FORM

C. OPEN FORM

D. READ FORM

28.在菜单设计中,可以在定义菜单名称时为菜单项指定一个访问键。规定了菜单项的访问键为"x"的菜单名称定义是(　　)。

A.综合查询\＜(x)

B.综合查询/＜(x)

C.综合查询(\＜x)

D.综合查询(/＜x)

29.假定一个表单里有一个文本框 Text1 和一个命令按钮组 CommandGroup1。命令按钮组是一个容器对象,其中包含 Command1 和 Command2 两个命令按钮。如果要在 Command1 命令按钮的某个方法中访问文本框的 Value 属性值,正确的表达式是(　　)。

A. This. ThisForm. Textl. Value

B. This. Parent. Parent. Textl. Value

C. Parent. Parent. Textl. Value

D. This. Parent. Textl. Value

30.下列关于数据环境和数据环境中两个表之间关联的描述中,正确的是(　　)。

A.数据环境是对象,关系不是对象

B.数据环境不是对象,关系是对象

C.数据环境是对象,关系是数据环境中的对象

D.数据环境和关系都不是对象

第31～35题使用如下关系:

客户(客户号,名称,联系人,邮政编码,电话号码)

产品(产品号,名称,规格说明,单价)

订购单(订单号,客户号,订购日期)

订购单名细(订单号,序号,产品号,数量)

31.查询单价在 600 元以上的主机板和硬盘的正确命令是(　　)。

A. SELECT * FROM　产品　WHERE　单价＞600 AND(名称='主机板'AND 名称='硬盘')

B. SELECT * FROM　产品　WHERE　单价＞600 AND(名称='主机板'OR 名称='硬盘')

C. SELECT * FROM　产品　FOR　单价＞600 AND(名称='主机板'AND 名称='硬盘')

D. SELECT * FROM　产品　FOR　单价＞600 AND(名称='主机板'OR 名称='硬盘')

32.查询客户名称中有"网络"二字的客户信息的正确命令是(　　)。

A. SELECT * FROM　客户　FOR　名称　LIKE"％网络％"

B. SELECT * FROM　客户　FOR　名称＝"％网络％"

C. SELECT * FROM　客户　WHERE　名称＝"％网络％"

D. SELECT * FROM　客户　WHERE　名称　LIKE"％网络％"

33.查询尚未最后确定订购单的有关信息的正确命令是(　　)。

A. SELECT 名称,联系人,电话号码,订单号 FROM 客户,订购单

　　　WHERE 客户.客户号＝订购单.客户号 AND 订购日期 IS NULL

B. SELECT 名称,联系人,电话号码,订单号 FROM 客户,订购单

WHERE 客户.客户号＝订购单.客户号 AND 订购日期＝NULL

C. SELECT 名称,联系人,电话号码,订单号 FROM 客户,订购单

　　　FOR 客户.客户号＝订购单.客户号 AND 订购日期 IS NULL

D. SELECT 名称,联系人,电话号码,订单号 FROM 客户,订购单

　　　FOR 客户.客户号＝订购单.客户号 AND 订购日期＝NULL

34.查询订购单的数量和所有订购单平均金额的正确命令是(　　　)。

A. SELECT COUNT(DISTINCT 订单号),AVG(数量 * 单价)

　　　FROM 产品 JOIN 订购单名细 ON 产品.产品号＝订购单名细.产品号

B. SELECT COUNT(订单号),AVG(数量 * 单价)

　　　FROM 产品 JOIN 订购单名细 ON 产品.产品号:订购单名细.产品号

C. SELECT COUNT(DISTINCT 订单号),AVG(数量 * 单价)

　　　FROM 产品,订购单名细 ON 产品.产品号＝订购单名细.产品号

D. SELECT COUNT(订单号),AVG(数量 * 单价)

　　　FROM 产品,订购单名细 ON 产品.产品号＝订购单名细.产品号

35.假设客户表中有客户号(关键字)C1～C10 共 10 条客户记录,订购单表有订单号(关键字)OR1～OR8 共 8 条订购单记录,并且订购单表参照客户表。下列命令可以正确执行的是(　　　)。

A. INSERT INTO　订购单　VALUES('OR5','C5',{^2008/10/10})

B. INSERT INTO　订购单　VALUES('OR5','C11',{^2008/10/10})

C. INSERT INTO　订购单　VALUES('OR9','C11',{^2008/10/10})

D. INSERT INTO　订购单　VALUES('OR9','C5',{^2008/1 0/10})

二、填空题

1.对下列二叉树进行中序遍历的结果是_____。

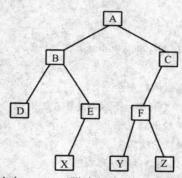

2.按照软件测试的一般步骤,集成测试应在_____测试之后进行。

3.软件工程的三要素包括方法、工具和过程,其中,_____支持软件开发的各个环节的控制和管理。

4.数据库设计包括概念设计、_____和物理设计。

5.在二维表中,元组的_____不能再分成更小的数据项。

6.SELECT * FROM student _____ FILE student 命令将查询结果存储在 student. txt 文本文件中。

7.LEFT("12345.6789",LEN("子串"))的计算结果是_____。

8.不带条件的 SQL DELETE 命令将删除指定表的_____记录。

9.在 SQL SELECT 语句中为了将查询结果存储到临时表中应该使用_____短语。

10.每个数据库表可以建立多个索引,但是_____索引只能建立一个。

11.在数据库中可以设计视图和查询,其中_____不能独立存储为文件(存储在数据库中)。

12.在表单中设计一组复选框(CheckBox)控件是为了可以选择_____个或_____个选项。

13.为了在文本框输入时隐藏信息(如显示"＊"),需要设置该控件的_____属性。

14.将一个项目编译成一个应用程序时,如果应用程序中包含需要用户修改的文件,必须将该文件标记为_____。

第 7 套　笔试考试试题

一、选择题

1. 下列叙述中正确的是（　　）。

A. 栈是"先进先出"的线性表

B. 队列是"先进后出"的线性表

C. 循环队列是非线性结构

D. 有序线性表既可以采用顺序存储结构,也可以采用链式存储结构

2. 支持子程序调用的数据结构是（　　）。

A. 栈

B. 树

C. 队列

D. 二叉树

3. 某二叉树有 5 个度为 2 的结点,则该二叉树中的叶子结点数是（　　）。

A. 10

B. 8

C. 6

D. 4

4. 下列排序方法中,最坏情况下比较次数最少的是（　　）。

A. 冒泡排序

B. 简单选择排序

C. 直接插入排序

D. 堆排序

5. 软件按功能可以分为应用软件、系统软件和支撑软件(或工具软件)。下列属于应用软件的是（　　）。

A. 编译程序

B. 操作系统

C. 教务管理系统

D. 汇编程序

6. 下列叙述中错误的是（　　）。

A. 软件测试的目的是发现错误并改正错误

B. 对被调试的程序进行"错误定位"是程序调试的必要步骤

C. 程序调试通常也称为 Debug

D. 软件测试应严格执行测试计划,排除测试的随意性

7. 耦合性和内聚性是度量模块独立性的两个标准。下列叙述中正确的是（　　）。

A. 提高耦合性、降低内聚性有利于提高模块的独立性

B. 降低耦合性、提高内聚性有利于提高模块的独立性

C. 耦合性是指一个模块内部各个元素间彼此结合的紧密程度

D. 内聚性是指模块间互相连接的紧密程度

8. 数据库应用系统的核心问题是（　　）。

A. 数据库设计

B. 数据库系统设计

C. 数据库维护

D. 数据库管理员培训

9. 有两个关系 R、S:

	R				S	
A	B	C			A	B
a	3	2			a	3
b	0	1			b	0
c	2	1			c	2

由关系 R 通过运算得到关系 S,则所使用的运算为（　　）。

A. 选择

B. 投影

C. 插入

D. 连接

< 34 >

10. 将 E-R 图转换为关系模式时,实体和联系都可以表示为(　　　)。

A. 属性　　　　　　　　　　　　　　　　　　　B. 键

C. 关系　　　　　　　　　　　　　　　　　　　D. 域

11. 数据库(DB)、数据库系统(DBS)和数据库管理系统(DBMS)三者之间的关系是(　　　)。

A. DBS 包括 DB 和 DBMS　　　　　　　　　　B. DBMS 包括 DB 和 DBS

C. DB 包括 DBS 和 DBMS　　　　　　　　　　D. DBS 就是 DB,也就是 DBMS

12. SQL 语言的查询语句是(　　　)。

A. INSERT　　　　　　　　　　　　　　　　　B. UPDATE

C. DELETE　　　　　　　　　　　　　　　　　D. SELECT

13. 下列与修改表结构相关的命令是(　　　)。

A. INSERT　　　　　　　　　　　　　　　　　B. ALTER

C. UPDATE　　　　　　　　　　　　　　　　　D. CREATE

14. 对表 SC(学号 C(8)、课程号 C(2),成绩 N(3),备注 C(20)),可以插入的记录是(　　　)。

A. ('20080101','c1','90',NULL)　　　　　　　　B. ('20080101','c1',90,'成绩优秀')

C. ('20080101','c1','90','成绩优秀')　　　　　　D. ('20080101','c1','79','成绩优秀')

15. 在表单中为表格控件指定数据源的属性是(　　　)。

A. DataSource　　　　　　　　　　　　　　　B. DataFrom

C. RecordSource　　　　　　　　　　　　　　D. RecordFrom

16. 在 Visual FoxPro 中,下列关于 SQL 表定义语句(CREATE TABLE)的说法中错误的是(　　　)。

A. 可以定义一个新的基本表结构

B. 可以定义表中的主关键字

C. 可以定义表的域完整性、字段有效性规则等

D. 对自由表,同样可以实现其完整性、有效性规则等信息的设置

17. 在 Visual FoxPro 中,若所建立索引的字段值不允许重复,并且一个表中只能创建一个,这种索引应该是(　　　)。

A. 主索引　　　　　　　　　　　　　　　　　B. 唯一索引

C. 候选索引　　　　　　　　　　　　　　　　D. 普通索引

18. 在 Visual FoxPro 中,用于建立或修改程序文件的命令是(　　　)。

A. MODIFY＜文件名＞　　　　　　　　　　　B. MODIFY COMMAND＜文件名＞

C. MODIFY PROCEDURE＜文件名＞　　　　　D. B 和 C 都对

19. 在 Visual FoxPro 中,程序中不需要用 PUBLIC 等命令明确声明和建立,可直接使用的内存变量是(　　　)。

A. 局部变量　　　　　　　　　　　　　　　　B. 私有变量

C. 公共变量　　　　　　　　　　　　　　　　D. 全局变量

20. 下列关于空值(NULL 值)叙述正确的是(　　　)。

A. 空值等于空字符串　　　　　　　　　　　　B. 空值等同于数值 0

C. 空值表示字段或变量还没有确定的值　　　　D. Visual FoxPro 不支持空值

21. 执行 USE sc IN 0 命令的结果是(　　　)。

A. 选择 0 号工作区打开 sc 表　　　　　　　　B. 选择空闲的最小号工作区打开 sc 表

C. 选择第 1 号工作区打开 sc 表　　　　　　　D. 显示出错信息

22. 在 Visual FoxPro 中,关系数据库管理系统所管理的关系是(　　　)。

A. 一个 DBF 文件　　　　　　　　　　　　　B. 若干个二维表

C. 一个 DBC 文件　　　　　　　　　　　　　D. 若干个 DBC 文件

23. 在 Visual FoxPro 中,下列描述正确的是(　　　)。

A. 数据库表允许对字段设置默认值　　　　　　B. 自由表允许对字段设置默认值

C. 自由表或数据库表都允许对字段设置默认值　D. 自由表或数据库表都不允许对字段设置默认值

24. SQI 的 SELECT 语句中,"HAVING＜条件表达式＞"用来筛选满足条件的(　　　)。

A. 列   B. 行

C. 关系   D. 分组

25. 在 Visual FoxPro 中,假设表单上有一选项组:○男⊙女,初始时该选项组的 Value 属性值为 1。若选项按钮"女"被选中,该选项组的 Value 属性值是( )。

A. 1   B. 2

C. "女"   D. "男"

26. 在 Visual FoxPro 中,假设教师表 T(教师号,姓名,性别,职称,研究生导师)中,性别是 C 型字段,研究生导师是 L 型字段。若要查询"是研究生导师的女老师"信息,那么 SQL 语句"SELECT 女 FROM T WHERE＜逻辑表达式＞"中的＜逻辑表达式＞应是( )。

A. 研究生导师 AND 性别＝"女"   B. 研究生导师 OR 性别＝"女"

C. 性别＝"女"AND 研究生导师＝.F.   D. 研究生导师＝.T. OR 性别＝女

27. 在 Visual FoxPro 中,有如下程序,函数 IIF 的返回值是( )。

＊程序

PRIVATE X,Y

STORE"男"TO X

Y＝LEN(X)＋2

? IIF(Y＜4,"男","女")

RETURN

A. "女"   B. "男"   C. .T.   D. .F.

28. 在 Visual FoxPro 中,每一个工作区中最多能打开数据库表的数量是( )。

A. 1 个   B. 2 个

C. 任意个,根据内存资源而确定   D. 35535 个

29. 在 Visual FoxPro 中,有关参照完整性的删除规则正确的描述是( )。

A. 如果删除规则选择的是"限制",则当用户删除父表中的记录时,系统将自动删除子表中的所有相关记录

B. 如果删除规则选择的是"级联",则当用户删除父表中的记录时,系统将禁止删除与子表相关的父表中的记录

C. 如果删除规则选择的是"忽略",则当用户删除父表中的记录时,系统不负责检查子表中是否有相关记录

D. 上面 3 种说法都不对

30. 在 Visual FoxPro 中,报表的数据源不包括( )。

A. 视图   B. 自由表

C. 查询   D. 文本文件

第 31~35 题基于学生表 S 和学生选课表 SC 两个数据库表,它们的结构如下:

S(学号,姓名,性别,年龄),其中学号、姓名和性别为 C 型字段,年龄为 N 型字段。

SC(学号,课程号,成绩),其中学号和课程号为 C 型字段,成绩为 N 型字段(初始为空值)。

31. 查询学生选修课程成绩小于 60 分的学号,正确的 SQL 语句是( )。

A. SELECT DISTINCT 学号 FROM SC WHERE"成绩"＜60

B. SELECT DISTINCT 学号 FROM SC WHERE 成绩＜"60"

C. SELECT DISTINCT 学号 FROM SC WHERE 成绩＜60

D. SELECT DISTINCT"学号"FROM SC WHERE"成绩"＜60

32. 查询学生表 S 的全部记录并存储于临时表文件 one 中的 SQL 命令是( )。

A. SELECT ＊ FROM 学生表 INTO CURSOR one

B. SELECT ＊ FROM 学生表 TO CURSOR one

C. SELECT ＊ FROM 学生表 INTO CURSOR DBF one

D. SELECT ＊ FROM 学生表 TO CURSOR DBF one

33. 查询成绩在 70 分至 85 分之间学生的学号、课程号和成绩,正确的 SQL 语句是( )。

A. SELECT 学号,课程号,成绩 FROM SC WHERE 成绩 BETWEEN 70 AND 85

B. SELECT 学号,课程号,成绩 FROM SC WHERE　成绩＞＝70 OR　成绩＜＝85

C. SELECT 学号,课程号,成绩 FROM SC WHERE　成绩＞＝70 OR＜＝85

D. SELECT 学号,课程号,成绩 FROM SC WHERE　成绩＞＝70 AND＜＝85

34.查询有选课记录,但没有考试成绩的学生的学号和课程号,正确的 SQL 语句是(　　)。

A. SELECT 学号,课程号 FROM SC WHERE　成绩＝""

B. SELECT 学号,课程号 FROM SC WHERE　成绩＝NULL

C. SELECT 学号,课程号 FROM SC WHERE　成绩 IS NULL

D. SELECT 学号,课程号 FROM SC WHERE　成绩

35.查询选修 C2 课程号的学生姓名,下列 SQL 语句中错误是(　　)。

A. SELECT 姓名 FROM S WHERE EXISTS

(SELECT * FROM SC WHERE 学号＝S.学号 AND 课程号＝'C2)

B. SELECT 姓名 FROM S WHERE 学号 IN

(SELECT 学号 FROM SC WHERE 课程号＝'C2)

C. SELECT 姓名 FROM S JOIN SC ON S.学号＝SC.学号 WHERE 课程号＝'C2'

D. SELECT 姓名 FROM S WHERE 学号＝

(SELECT 学号 FROM SC WHERE 课程号＝'C2')

二、填空题

1.假设用一个长度为 50 的数组(数组元素的下标从 0 到 49)作为栈的存储空间,栈底指针 bottom 指向栈底元素,栈顶指针 top 指向栈顶元素,如果 bottom＝49,top＝30(数组下标),则栈中具有_____个元素。

2.软件测试可分为白盒测试和黑盒测试。基本路径测试属于_____测试。

3.符合结构化原则的三种基本控制结构是:选择结构、循环结构和_____。

4.数据库系统的核心是_____。

5.在 E-R 图中,图形包括矩形框、菱形框、椭圆框。其中表示实体联系的是_____框。

6.所谓自由表就是那些不属于任何_____的表。

7.常量{^2009－10－01,15:30:00}的数据类型是_____。

8.利用 SQL 语句的定义功能建立一个课程表,并且为课程号建立主索引,语句格式为:

CREATE TABLE 课程表(课程号 C(5)_____,课程名 C(30)))

9.在 Visual FoxPro 中,程序文件的扩展名是_____。

10.在 Visual FoxPro 中,SELECT 语句能够实现投影、选择和_____三种专门的关系运算。

11.在 Visual FoxPro 中,LOCATE ALL 命令按条件对某个表中的记录进行查找,若查不到满足条件的记录,函数 EOF()的返回值应是_____。

12.在 Visual FoxPro 中,设有一个学生表 STUDENT,其中有学号、姓名、年龄、性别等字段,用户可以用命令"_____年龄 WITH 年龄＋1"将表中所有学生的年龄增加一岁。

13.在 Visual FoxPro 中,有如下程序:

```
* 程序名:TEST. PRG
SET TALK OFF
PRIVATE X,Y
X="数据库"
Y="管理系统"
DO sub1
? X+Y
RETURN
* 子程序:sub1
PROCEDU sub1
LOCAL X
```

X="应用"
Y="系统"
X=X+Y
RETURN

执行命令 DO TEST 后,屏幕显示的结果应是_____。

14.使用 SQL 语言的 SELECT 语句进行分组查询时,如果希望去掉不满足条件的分组,应当在 GROUP BY 中使用_____子句。

15.设有 SC(学号,课程号,成绩)表,下面 SQL 的 SELECT 语句检索成绩高于或等于平均成绩的学生的学号。

SELECT 学号 FROM SC
WHERE 成绩>=(SELECT _____ FROM SC)

< 38 >

➡ 第8套 笔试考试试题

一、选择题

1. 下列数据结构中,属于非线性结构的是(   )。
A. 循环队列　　　　　　　　　　B. 带链队列　　　　　　　C. 二叉树　　　　　　　D. 带链栈

2. 下列数据结构中,能够按照"先进后出"原则存取数据的是(   )。
A. 循环队列
C. 队列
B. 栈
D. 二叉树

3. 对于循环队列,下列叙述中正确的是(   )。
A. 队头指针是固定不变的
C. 队头指针一定小于队尾指针
B. 队头指针一定大于队尾指针
D. 队头指针可以大于队尾指针,也可以小于队尾指针

4. 算法的空间复杂度是指(   )。
A. 算法在执行过程中所需要的计算机存储空间
C. 算法程序中的语句或指令条数
B. 算法所处理的数据量
D. 算法在执行过程中所需要的临时工作单元数

5. 软件设计中划分模块的一个准则是(   )。
A. 低内聚低耦合
C. 低内聚高耦合
B. 高内聚低耦合
D. 高内聚高耦合

6. 下列选项中不属于结构化程序设计原则的是(   )。
A. 可封装
C. 模块化
B. 自顶向下
D. 逐步求精

7. 右图是软件详细设计阶段的常用工具,该图是(   )。
A. N-S 图
B. PAD 图
C. 程序流程图
D. E-R 图

8. 数据库管理系统是(   )。
A. 操作系统的一部分
C. 一种编译系统
B. 在操作系统支持下的系统软件
D. 一种操作系统

9. 在 E-R 图中,用来表示实体联系的图形是(   )。
A. 椭圆形
C. 菱形
B. 矩形
D. 三角形

10. 有如下三个关系 R、S 和 T,其中关系 T 由关系 R 和 S 通过某种操作得到,该操作为(   )。

R				S				T		
A	B	C		A	B	C		A	B	C
a	1	2		d	3	2		a	1	2
b	2	1						b	2	1
c	3	1						c	3	1
								d	3	2

A. 选择　　　　　　　　　　B. 投影　　　　　　　　　C. 交　　　　　　　D. 并

11. 设置文本框显示内容的属性是(   )。
A. Value
C. Name
B. Caption
D. InputMask

< 39 >

12. 语句 LIST MEMORY LIKE a * 能够显示的变量不包括（   ）。

A. a
B. a1
C. ab2
D. ba3

13. 计算结果不是字符串"Teacher"的语句是（   ）。

A. AT("MyTeacher",3,7)
B. SUBSTR("MyTeacher",3,7)
C. RIGHT("MyTeacher",7)
D. LEFT("Teacher",7)

14. 学生表中有"学号"、"姓名"和"年龄"三个字段，SQL 语句"SELECT 学号 FROM 学生"完成的操作称为（   ）。

A. 选择
B. 投影
C. 连接
D. 并

15. 报表的数据源不包括（   ）。

A. 视图
B. 自由表
C. 数据库表
D. 文本文件

16. 使用索引的主要目的是（   ）。

A. 提高查询速度
B. 节省存储空间
C. 防止数据丢失
D. 方便管理

17. 表单文件的扩展名是（   ）。

A. .frm
B. .prg
C. .scx
D. .vex

18. 下列程序段执行时在屏幕上显示的结果是（   ）。

```
DIME a(6)
a(1)=1
a(2)=1
FOR i=3 TO 6
a(i)=a(i-1)+a(i-2)
NEXT
? a(6)
```

A. 5
B. 6
C. 7
D. 8

19. 下列程序段执行时在屏幕上显示的结果是（   ）。

```
x1=20
x2=30
SET UDFPARMS TO VALUE
DO TEST WITH x1,x2
? x1,x2
PROCEDURE test
PARAMETERS a,b
x=a
a=b
b=x
```

A. 30 30
B. 30 20
C. 20 20
D. 20 30

20. 以下关于"查询"的正确描述是（   ）。

A. 查询文件的扩展名为 prg
B. 查询保存在数据库文件中
C. 查询保存在表文件中
D. 查询保存在查询文件中

21. 以下关于"视图"的正确描述是（   ）。

A. 视图独立于表文件　　　　　　　　　　B. 视图不可更新

C. 视图只能从一个表派生出来　　　　　　D. 视图可以删除

22. 为了隐藏在文本框中输入的信息,用占位符代替显示用户输入的字符,需要设置的属性是(　　)。

A. Value　　　　　　　　　　　　　　　B. ControlSource

C. InputMask　　　　　　　　　　　　　D. PasswordChar

23. 假设某表单的 Visible 属性的初值为. F. ,能将其设置为. T. 的方法是(　　)。

A. Hide　　　　　　　　　　　　　　　　B. Show

C. Release　　　　　　　　　　　　　　　D. SetFocus

24. 在数据库中建立表的命令是(　　)。

A. CREATE　　　　　　　　　　　　　　B. CREATE DATABASE

C. CREATE QUERY　　　　　　　　　　　D. CREATE FORM

25. 让隐藏的 MeForm 表单显示在屏幕上的命令是(　　)。

A. MeForm. Display　　　　　　　　　　　B. MeForm. Show

C. MeForm. List　　　　　　　　　　　　D. MeForm. See

26. 在表设计器的"字段"选项卡中,字段有效性的设置项中不包括(　　)。

A. 规则　　　　　　　　　　　　　　　　B. 信息

C. 默认值　　　　　　　　　　　　　　　D. 标题

27. 若 SQL 语句中的 ORDER BY 短语中指定了多个字段,则(　　)。

A. 依次按自右至左的字段顺序排序　　　　B. 只按第一个字段排序

C. 依次按自左至右的字段顺序排序　　　　D. 无法排序

28. 在 Visual FoxPro 中,下面关于属性、方法和事件的叙述错误的是(　　)。

A. 属性用于描述对象的状态,方法用于表示对象的行为

B. 基于同一个类产生的两个对象可以分别设置自己的属性值

C. 事件代码也可以象方法一样被显式调用

D. 在创建一个表单时,可以添加新的属性、方法和事件

29. 下列函数返回类型为数值型的是(　　)。

A. STR　　　　　　　　　　　　　　　　B. VAL

C. DTOC　　　　　　　　　　　　　　　D. TTOC

30. 与"SELECT * FROM 教师表 INTO DBF A"等价的语句是(　　)。

A. SELECT * FROM 教师表 TO DBF A

B. SELECT * FROM 教师表 TO TABLE A

C. SELECT * FROM 教师表 INTO TABLE A

D. SELECT * FROM 教师表 INTO A

31. 查询"教师表"的全部记录并存储于临时文件 one. dbf 中的 SQL 命令是(　　)。

A. SELECT * FROM 教师表 INTO CURSOR one

B. SELECT * FROM 教师表 TO CURSOR one

C. SELECT * FROM 教师表 INTO CURSOR DBF one

D. SELECT * 教师表 TO CURSOR DBF one

32. "教师表"中有"职工号"、"姓名"和"工龄"字段,其中"职工号"为主关键字,建立"教师表"的 SQL 命令是(　　)。

A. CREATE TABLE 教师表(职工号 C(10)PRIMARY,姓名 C(20),工龄 I)

B. CREATE TABLE 教师表(职工号 C(10)FOREIGN,姓名 C(20),工龄 I)

C. CREATETABLE 教师表(职工号 C(10)FOREIGN KEY,姓名 C(20),工龄 I)

D. CREATE TABLE 教师表(职工号 C(10)PRIMARY KEY,姓名 C(20),工龄 I)

< 41 >

33.创建一个名为 student 的新类,保存新类的类库名称是 mylib,新类的父类是 Person,正确的命令是( )。

A. CREATE CLASS mylib OF student As Person

B. CREATE CLASS student OF Person As mylib

C. CREATE CLASS student OF mylib As Person

D. CREATE CLASS Person OF mylib As student

34."教师表"中有"职工号"、"姓名"、"工龄"和"系号"等字段,"学院表"中有"系名"和"系号"等字段,计算"计算机"系教师总数的命令是( )。

A. SELECT COUNT(*)FROM 教师表 INNER JOIN 学院表 ON 教师表,系号＝学院表,系号 WHERE 系名＝"计算机"

B. SELECT COUNT(*)FROM 教师表 INNER JOIN 学院表 ON 教师表,系号＝学院表,系号 ORDER BY 教师表系号 HAVING 学院表,系名＝"计算机"

C. SELECT SUM(*)FROM 教师表 INNER JOIN 学院表 ON 教师表,系号＝学院表,系号 GROUP BY 教师表,系号

D. SELECT SUM(*)FROM 教师表 INNER JOIN 学院表 ON 教师表,系号＝学院表,系号 ORDER BY 教师表,系号 HAVING 学院表,系名＝"计算机"

35."教师表"中有"职工号"、"姓名"、"工龄"和"系号"等字段,"学院表"中有"系名"和"系号"等字段,求教师总数最多的系的教师人数,正确的命令序列是( )。

A. SELECT 教师表,系号,COUNT(*)AS 人数 FROM 教师表,学院表 GROUP BY 教师表,系号 INTO DBF TEMP SELECT MAX(人数)FROM TEMP

B. SELECT 教师表,系号,COUNT(*)FROM 教师表,学院表 WHERE 教师表,系号＝学院表,系号 GROUP BY 教师表,系号 INTO DBF TEMP SELECT MAX(人数)FROM TEMP

C. SELECT 教师表,系号,COUNT(*)AS 人数 FROM 教师表,学院表 WHERE 教师表,系号＝学院表,系号 GROUP BY 教师表,系号 TO FILE TEMP SELECT MAX(人数)FROM TEMP

D. SELECT 教师表,系号,COUNT(*)AS 人数 FROM 教师表,学院表 WHERE 教师表,系号＝学院表,系号 GROUP BY 教 INTO DBF TEMP SELECT MAX(人数)FROM TEMP

二、填空题

1.某二叉树有 5 个度为 2 的结点以及 3 个度为 1 的结点,则该二叉树中共有_____个结点。

2.程序流程图中的菱形框表示的是_____。

3.软件开发过程主要分为需求分析、设计、编码与测试 4 个阶段,其中_____阶段产生"软件需求规格说明书"。

4.在数据库技术中,实体集之间的联系可以是一对一或一对多或多对多的,那么"学生"和"可选课程"的联系为_____。

5.人员基本信息一般包括:身份证号、姓名、性别、年龄等。其中可以作为主关键字的是_____。

6.命令按钮的 Cancel 属性的默认值是_____。

7.在关系操作中,从表中取出满足条件的元组的操作称做_____。

8.在 Visual FoxPro 中,表示时间 2009 年 3 月 3 日的常量应写为_____。

9.在 Visual FoxPro 中的"参照完整性"中,"插入规则"包括的选择是"限制"和_____。

10.删除视图 MyView 的命令是_____。

11.查询设计器中的"分组依据"选项卡与 SQL 语句的_____短语对应。

12.项目管理器的数据选项卡用于显示和管理数据库、查询、视图和_____。

13.可以使编辑框的内容处于只读状态的两个属性是 ReadOnly 和_____。

14.为"成绩"表中"总分"字段增加有效性规则:"总分必须大于等于 0 并且小于等于 750",正确的 SQL 语句是:

_____ TABLE 成绩 ALTER 总分_____ 总分＞＝0 AND 总分＜＝750

第 9 套 笔试考试试题

一、选择题

1. 下列叙述中正确的是（　　）。

A. 对长度为 n 的有序链表进行查找, 最坏情况下需要的比较次数为 n

B. 对长度为 n 的有序链表进行对分查找, 最坏情况下需要的比较次数为 n/2

C. 对长度为 n 的有序链表进行对分查找, 最坏情况下需要的比较次数为 $\log_2 n$

D. 对长度为 n 的有序链表进行对分查找, 最坏情况下需要的比较次数为 $n\log_2 n$

2. 算法的时间复杂度是指（　　）。

A. 算法的执行时间 　　　　　　　　　　B. 算法所处理的数据量

C. 算法程序中的语句或指令条数 　　　　D. 算法在执行过程中所需要的基本运算次数

3. 软件按功能可以分为：应用软件、系统软件和支撑软件（或工具软件）, 下面属于系统软件的是（　　）。

A. 编辑软件 　　　　　　　　　　　　　B. 操作系统

C. 教务管理系统 　　　　　　　　　　　D. 浏览器

4. 软件（程序）调试的任务是（　　）。

A. 诊断和改正程序中的错误 　　　　　　B. 尽可能多地发现程序中的错误

C. 发现并改正程序中的所有错误 　　　　D. 确定程序中错误的性质

5. 数据流程图（DFD 图）是（　　）。

A. 软件概要设计的工具 　　　　　　　　B. 软件详细设计的工具

C. 结构化方法的需求分析工具 　　　　　D. 面向对象方法的需求分析工具

6. 软件生命周期可分为定义阶段、开发阶段和维护阶段。详细设计属于（　　）。

A. 定义阶段 　　　　　　　　　　　　　B. 开发阶段

C. 维护阶段 　　　　　　　　　　　　　D. 上述三个阶段

7. 数据库管理系统中负责数据模式定义的语言是（　　）。

A. 数据定义语言 　　　　　　　　　　　B. 数据管理语言

C. 数据操纵语言 　　　　　　　　　　　D. 数据控制语言

8. 在学生管理的关系数据库中, 存取一个学生信息的数据单位是（　　）。

A. 文件 　　　　　　　　　　　　　　　B. 数据库

C. 字段 　　　　　　　　　　　　　　　D. 记录

9. 数据库设计中, 用 E-R 图来描述信息结构但不涉及信息在计算机中的表示, 它属于数据库设计的（　　）。

A. 需求分析阶段 　　　　　　　　　　　B. 逻辑设计阶段

C. 概念设计阶段 　　　　　　　　　　　D. 物理设计阶段

10. 有如下两个关系 R 和 T, 则由关系 R 得到关系 T 的操作是（　　）。

R				T		
A	B	C		A	B	C
a	1	2		c	3	2
b	2	2		d	3	2
c	3	2				
d	3	2				

A. 选择 　　　　　B. 投影 　　　　　C. 交 　　　　　D. 并

11. 在 Visual FoxPro 中, 编译后的程序文件的扩展名为（　　）。

A. PRG 　　　　　B. EXE 　　　　　C. DBC 　　　　　D. FXP

12. 假设表文件 TEST.DBF 已经在当前工作区打开,要修改其结构,可使用命令(　　)。

A. MODI STRU
B. MODI COMM TEST
C. MODI DBF
D. MODI TYPE TEST

13. 为当前表中所有学生的总分数增加 10 分,可以使用的命令是(　　)。

A. CHANGE 总分 WITH 总分+10
B. REPLACE 总分 WITH 总分+10
C. CHANGE ALL 总分 WITH 总分+10
D. REPLACE ALL 总分 WITH 总分+10

14. 在 Visual FoxPro 中,关于属性、事件、方法的叙述错误的是(　　)。

A. 属性用于描述对象的状态
B. 方法用于表示对象的行为
C. 事件代码也可以像方法一样被显示调用
D. 基于同一个类产生的两个对象的属性不能分别设置自己的属性值

15. 有如下赋值语句,结果为"大家好"的表达式是(　　)。

a="你好"

b="大家"

A. b+AT(a,1)
B. b+RIGHT(a,1)
C. b+LEFT(a,3,4)
D. b+RIGHT(a,2)

16. 在 Visual FoxPro 中,"表"是指(　　)。

A. 报表
B. 关系
C. 表格控件
D. 表单

17. 在下面的 Visual FoxPro 表达式中,运算结果为逻辑真的是(　　)。

A. EMPTY(NULL)
B. LIKE('xy?','xyz')
C. AT('xy','abcxyz')
D. ISNULL(SPACE(0))

18. 以下关于视图的描述正确的是(　　)。

A. 视图和表一样包含数据
B. 视图物理上不包含数据
C. 视图定义保存在命令文件中
D. 视图定义保存在视图文件中

19. 以下关于关系的说法正确的是(　　)。

A. 列的次序非常重要
B. 行的次序非常重要
C. 列的次序无关紧要
D. 关键字必须指定为第一列

20. 报表的数据源可以是(　　)。

A. 表或视图
B. 表或查询
C. 表、查询或视图
D. 表或其他报表

21. 在表单中为表格控件指定数据源的属性是(　　)。

A. DataSource
B. RecordSource
C. DataFrom
D. RecordFrom

22. 如果指定参照完整性的删除规则为"级联",则当删除父表中的记录时(　　)。

A. 系统自动备份父表中被删除记录到一个新表中
B. 若子表中有相关记录,则禁止删除父表中记录
C. 会自动删除子表中所有相关记录
D. 不做参照完整性检查,删除父表记录与子表无关

23. 为了在报表中打印当前时间,这时应该插入一个(　　)。

A. 表达式控件
B. 域控件
C. 标签控件
D. 文本控件

24. 以下关于查询的描述正确的是(　　)。

A. 不能根据自由表建立查询
B. 只能根据自由表建立查询
C. 只能根据数据库表建立查询
D. 可以根据数据库表和自由表建立查询

25. SQL 语言的更新命令的关键词是(　　)。

A. INSERT
B. UPDATE

C. CREATE   D. SELECT

26. 将当前表单从内存中释放的正确语句是(   )。

A. ThisForm. Close   B. ThisForm. Clear

C. ThisForm. Release   D. ThisForm. Refresh

27. 假设职员表已在当前工作区打开,其当前记录的"姓名"字段值为"李彤"(C 型字段)。在命令窗口输入并执行如下命令:

姓名＝姓名－"出勤"

? 姓名

屏幕上会显示(   )。

A. 李彤   B. 李彤   出勤

C. 李彤出勤   D. 李彤－出勤

28. 假设"图书"表中有 C 型字段"图书编号",要求将图书编号以字母 A 开头的图书记录全部打上删除标记,可以使用 SQL 命令(   )。

A. DELETE FROM 图书 FOR 图书编号="A"

B. DELETE FROM 图书 WHERE 图书编号＝"A%"

C. DELETE FROM 图书 FOR 图书编号＝"A＊"

D. DELETE FROM 图书 WHERE 图书编号 LIKE＝"A%"

29. 下列程序段的输出结果是(   )。

ACCEPT TO A

IF A＝[123]

S＝0

ENDIF

S＝1

? S

A. 0   B. 1   C. 123   D. 由 A 的值决定

第30～35题基于图书表、读者表和借阅表三个数据库表,它们的结构如下:

图书(图书编号,书名,第一作者,出版社):图书编号、书名、第一作者和出版社为 C 型字段,图书编号为主关键字;

读者(借书证号,单位,姓名,职称):借书证号、单位、姓名、职称为 C 型字段,借书证号为主关键字;

借阅(借书证号,图书编号,借书日期,还书日期):借书证号和图书编号为 C 型字段,借书日期和还书日期为 D 型字段,还书日期默认值为 NULL,借书证号和图书证号共同构成主关键字。

30. 查询第一作者为"张三"的所有书名及出版社,正确的 SQL 语句是(   )。

A. SELECT 书名,出版社 FROM 图书 WHERE 第一作者=张三

B. SELECT 书名,出版社 FROM 图书 WHERE 第一作者="张三"

C. SELECT 书名,出版社 FROM 图书 WHERE"第一作者"=张三

D. SELECT 书名,出版社 FROM 图书 WHERE"第一作者"="张三"

31. 查询尚未归还书的图书编号和借书日期,正确的 SQL 语句是(   )。

A. SELECT 图书编号,借书日期 FROM 借阅 WHERE 还书日期＝""

B. SELECT 图书编号,借书日期 FROM 借阅 WHERE 还书日期＝NULL

C. SELECT 图书编号,借书日期 FROM 借阅 WHERE 还书日期 IS NULL

D. SELECT 图书编号,借书日期 FROM 借阅 WHERE 还书日期

32. 查询"读者"表的所有记录并存储于临时表文件 one 中的 SQL 语句是(   )。

A. SELECT ＊ FROM 读者 INTO CURSOR one

B. SELECT ＊ FROM 读者 TO CURSOR one

C. SELECT ＊ FROM 读者 INTO CURSOR DBF one

D. SELECT ＊ FROM 读者 TO CURSOR DBF one

33.查询单位名称中含"北京"字样的所有读者的借书证号和姓名,正确的 SQL 语句是(　　)。

A. SELECT 借书证号,姓名 FROM 读者 WHERE 单位＝"北京％"

B. SELECT 借书证号,姓名 FROM 读者 WHERE 单位＝"北京＊"

C. SELECT 借书证号,姓名 FROM 读者 WHERE 单位 LIKE"北京＊"

D. SELECT 借书证号,姓名 FROM 读者 WHERE 单位 LIKE"％北京％"

34.查询 2009 年被借过书的图书编号和借书日期,正确的 SQL 语句是(　　)。

A. SELECT 图书编号,借书日期 FROM 借阅 WHERE 借书日期＝2009

B. SELECT 图书编号,借书日期 FROM 借阅 WHERE year(借书日期)＝2009

C. SELECT 图书编号,借书日期 FROM 借阅 WHERE 借书日期＝year(2009)

D. SELECT 图书编号,借书日期 FROM 借阅 WHERE year(借书日期)＝year(2009)

35.查询所有"工程师"读者借阅过的图书编号,正确的 SQL 语句是(　　)。

A. SELECT 图书编号 FROM 读者,借阅 WHERE 职称＝"工程师"

B. SELECT 图书编号 FROM 读者,图书 WHERE 职称＝"工程师"

C. SELECT 图书编号 FROM 借阅 WHERE 图书编号＝

　　(SELECT 图书编号 FROM 借阅 WHERE 职称＝"工程师")

D. SELECT 图书编号 FROM 借阅 WHERE 借书证号 IN

　　(SELECT 借书证号 FROM 读者 WHERE 职称＝"工程师")

二、填空题

1.一个队列的初始状态为空。现将元素 A,B,C,D,E,F,5,4,3,2,1 依次入队,然后再依次退队,则元素退队的顺序为_____。

2.设某循环队列的容量为50,如果头指针 front＝45(指向队头元素的前一位置),尾指针 rear＝10(指向队尾元素),则该循环队列中共有_____个元素。

3.有如下二叉树,对该二叉树进行后序遍历的结果为_____。

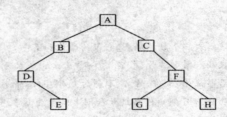

4.软件是_____、数据和文档的集合。

5.有一个学生选课的关系,其中学生的关系模式为:学生(学号,姓名,班级,年龄),课程的关系模式为:课程(课号,课程名,学时),其中两个关系模式的键分别是学号和课号,则关系模式选课可定义为:选课(学号,_____,成绩)。

6.为表建立主索引或候选索引可以保证数据的_____完整性。

7.已有查询文件 queryone. qpr,要执行该查询文件可使用命令_____。

8.在 Visual FoxPro 中,职工表 EMP 中包含有通用型字段,表中通用型字段中的数据均存储到另一个文件中,该文件名为_____。

9.在 Visual FoxPro 中,建立数据库表时,将年龄字段值限制在 18～45 岁之间的这种约束属于_____完整性约束。

10.设有学生和班级两个实体,每个学生只能属于一个班级,一个班级有多名学生,则学生和班级实体之间的联系类型是_____。

11. Visual FoxPro 数据库系统所使用的数据的逻辑结构是_____。

12.在 SQL 语言中,用于对查询结果计数的函数是_____。

13.在 SQL 的 SELECT 查询中,使用_____关键词消除查询结果中的重复记录。

14.为"学生"表的"年龄"字段增加有效性规则"年龄必须在 18～45 岁之间"的 SQL 语句是
ALTER TABLE 学生 ALTER 年龄_____年龄<=45AND 年龄>=18。

15.使用 SQL Select 语句进行分组查询时,有时要求分组满足某个条件时才查询,这时可以用_____子句来限定分组。

➡ 第10套 笔试考试试题

一、选择题

1. 下列叙述中正确的是（　　）。

A. 线性表的链式存储结构与顺序存储结构所需要的存储空间是相同的

B. 线性表的链式存储结构所需要的存储空间一般要多于顺序存储结构

C. 线性表的链式存储结构所需要的存储空间一般要少于顺序存储结构

D. 上述三种说法都不对

2. 下列叙述中正确的是（　　）。

A. 在栈中,栈中元素随栈底指针与栈顶指针的变化而动态变化

B. 在栈中,栈顶指针不变,栈中元素随栈底指针的变化而动态变化

C. 在栈中,栈底指针不变,栈中元素随栈顶指针的变化而动态变化

D. 上述三种说法都不对

3. 软件测试的目的是（　　）。

A. 评估软件可靠性　　　　　　　　　　　　B. 发现并改正程序中的错误

C. 改正程序中的错误　　　　　　　　　　　D. 发现程序中的错误

4. 下面描述中,不属于软件危机表现的是（　　）。

A. 软件开发过程不规范　　　　　　　　　　B. 软件开发生产率低

C. 软件质量难以控制　　　　　　　　　　　D. 软件成本不断提高

5. 软件生命周期是指（　　）。

A. 软件产品从提出、实现、使用维护到停止使用的过程

B. 软件从需求分析、设计、实现到测试完成的过程

C. 软件的开发过程

D. 软件的运行维护过程

6. 面向对象方法中,继承是指（　　）。

A. 一组对象所具有的相似性质　　　　　　　B. 一个对象具有另一个对象的性质

C. 各对象之间的共同性质　　　　　　　　　D. 类之间共享属性和操作的机制

7. 层次型、网状型和关系型数据库的划分原则是（　　）。

A. 记录长度　　　　　　　　　　　　　　　B. 文件的大小

C. 联系的复杂程度　　　　　　　　　　　　D. 数据之间的联系方式

8. 一个工作人员可以使用多台计算机,而一台计算机可被多个人使用,则实体工作人员与实体计算机之间的联系是（　　）。

A. 一对一　　　　　　　　　　　　　　　　B. 一对多

C. 多对多　　　　　　　　　　　　　　　　D. 多对一

9. 数据库设计中反映用户对数据要求的模式是（　　）。

A. 内模式　　　　　　B. 概念模式　　　　　　C. 外模式　　　　　　D. 设计模式

10. 有如下三个关系 R、S 和 T,则由关系 R 和 S 得到关系 T 的操作是（　　）。

R				S			T			
A	B	C		A	D		A	B	C	D
a	1	2		c	4		c	3	1	4
b	2	1								
c	3	1								

A. 自然连接　　　　　　B. 交　　　　　　C. 投影　　　　　　D. 并

11. 在 Visual FoxPro 中,要想将日期型或日期时间型数据中的年份用 4 位数字显示,应当使用设置命令(　　)。

A. SET CENTURY ON

B. SET CENTURY TO 4

C. SET YEAR TO 4

D. SET YAER TO yyyy

12. 设 A=[6*8−2],B=6*8−2、C="6*8−2",合法的表达式是(　　)。

A. A+B

B. B+C

C. A−C

D. C−B

13. 假设在数据库表的表设计器中,字符型字段"性别"已被选中,正确的有效性规则设置是(　　)。

A. ="男". OR. "女"

B. 性别="男". OR. "女"

C. $"男女"

D. 性别 $ "男女"

14. 在当前打开的表中,显示"书名"以"计算机"打头的所有图书,正确的命令是(　　)。

A. list for 书名="计算*"

B. list for 书名="计算机"

C. list for 书名="计算%"

D. list where 书名="计算机"

15. 连续执行以下命令,最后一条命令的输出结果是(　　)。

SET EXACT OFF

a="北京"

b=(a="北京交通")

? b

A. 北京

B. 北京交通

C. . F.

D. 出错

16. 设 x="123",y=123,k="y",表达式 x+&k 的值是(　　)。

A. 123123

B. 246

C. 123y

D. 数据类型不匹配

17. 运算结果不是 2010 的表达式是(　　)。

A. int(2010.9)

B. round(2010.1,0)

C. ceiling(2010.1)

D. floor(2010.9)

18. 在建立表间一对多的永久联系时,主表的索引类型必须是(　　)。

A. 主索引或候选索引

B. 主索引、候选索引或唯一索引

C. 主索引、候选索引、唯一索引或普通索引

D. 可以不建立索引

19. 在表设计器中设置的索引包含在(　　)。

A. 独立索引文件中

B. 唯一索引文件中

C. 结构复合索引文件中

D. 非结构复合索引文件中

20. 假设表"学生.dbf"已在某个工作区打开,且取别名为 student。选择"学生"表所在工作区为当前工作区的命令是(　　)。

A. SELECT 0

B. USE 学生

C. SELECT 学生

D. SELECT student

21. 删除视图 myview 的命令是(　　)。

A. DELETE myview

B. DELETE VIEW myview

C. DROP VIEW myview

D. REMOVE VIEW myview

22. 下面关于列表框和组合框的陈述中,正确的是(　　)。

A. 列表框可以设置成多重选择,而组合框不能

B. 组合框可以设置成多重选择,而列表框不能

C. 列表框和组合框都可以设置成多重选择

D. 列表框和组合框都不能设置成多重选择

23. 在表单设计器环境中,为表单添加一选项按钮组:⊙男○女,默认情况下,第一个选项按钮"男"为选中状态,此时该选项按钮组的 Value 属性值为(　　)。

A. 0

B. 1

C. "男"

D. . T.

24. 在 Visual FoxPro 中,属于命令按钮属性的是( )。

    A. Parent   B. This

    C. ThisForm   D. Click

25. 在 Visual FoxPro 中,可视类库文件的扩展名是( )。

    A. . dbf   B. . scx

    C. . vcx   D. . dbc

26. 为了在报表中打印当前时间,应该在适当区域插入一个( )。

    A. 标签控件   B. 文本框

    C. 表达式   D. 域控件

27. 在菜单设计中,可以在定义菜单名称时为菜单项指定一个访问键。指定访问键为"x"的菜单项名称定义是( )。

    A. 综合查询(\>x)   B. 综合查询(/>x)

    C. 综合查询(\<x)   D. 综合查询(/<x)

28. 假设新建了一个程序文件 myProc. prg(不存在同名的. exe、. app 和. fxp 文件),然后在命令窗口输入命令 DO myProc,执行该程序并获得正常的结果,现在用命令 ERASE myProc. prg 删除该程序文件,然后再次执行命令 DO myProc,产生的结果是( )。

    A. 出错(找不到文件)   B. 与第一次执行的结果相同

    C. 系统打开"运行"对话框,要求指定文件   D. 以上都不对

29. 以下关于视图描述错误的是( )。

    A. 只有在数据库中可以建立视图   B. 视图定义保存在视图文件中

    C. 从用户查询的角度视图和表一样   D. 视图物理上不包括数据

30. 关闭释放表单的方法是( )。

    A. Shut   B. CloseForm

    C. Release   D. Close

第 31~35 题使用如下数据表:

学生. DBF:学号(C,8),姓名(C,6),性别(C,2)

选课. DBF:学号(C,8),课程号(C,3),成绩(N,3)

31. 从"选课"表中检索成绩大于等于 60 并且小于 90 的记录信息,正确的 SQL 命令是( )。

A. SELECT * FROM 选课 WHERE 成绩 BETWEEN 60 AND 89

B. SELECT * FROM 选课 WHERE 成绩 BETWEEN 60 TO 89

C. SELECT * FROM 选课 WHERE 成绩 BETWEEN 60 AND 90

D. SELECT * FROM 选课 WHERE 成绩 BETWEEN 60 TO 90

32. 检索还未确定成绩的学生选课信息,正确的 SQL 命令是( )。

A. SELECT 学生. 学号,姓名,选课. 课程号 FROM 学生 JOIN 选课

    WHERE 学生. 学号=选课. 学号 AND 选课. 成绩 IS NULL

B. SELECT 学生. 学号,姓名,选课. 课程号 FROM 学生 JOIN 选课

    WHERE 学生. 学号=选课. 学号 AND 选课. 成绩=NULL

C. SELECT 学生. 学号,姓名,选课. 课程号 FROM 学生 JOIN 选课

    ON 学生. 学号=选课. 学号 WHERE 选课. 成绩 IS NULL

D. SELECT 学生. 学号,姓名,选课. 课程号 FROM 学生 JOIN 选课

    ON 学生. 学号=选课. 学号 WHERE 选课. 成绩=NULL

33. 假设所有的选课成绩都已确定,显示"101"号课程成绩中最高的 10% 记录信息,正确的 SQL 命令是( )。

A. SELECT * TOP 10 FROM 选课 ORDER BY 成绩 WHERE 课程号="101"

B. SELECT * PERCENT 10 FROM 选课 ORDER BY 成绩 DESC

    WHERE 课程号="101"

C. SELECT * TOP 10 PERCENT FROM 选课 ORDER BY 成绩

< 49 >

WHERE 课程号＝"101"

D. SELECT * TOP 10 PERCENT FROM 选课 ORDER BY 成绩 DESC

WHERE 课程号＝"101"

34. 假设所有学生都已选课,所有的选课成绩都已确定。检索所有选课成绩都在 90 分以上(含)的学生信息,正确的 SQL 命令是(　　　)。

A. SELECT * FROM 学生 WHERE 学号 IN(SELECT 学号 FROM 选课 WHERE 成绩＞＝90)

B. SELECT * FROM 学生 WHERE 学号 NOT IN(SELECT 学号 FROM 选课 WHERE 成绩＜90)

C. SELECT * FROM 学生 WHERE 学号 !＝ANY (SELECT 学号 FROM 选课 WHERE 成绩＜90)

D. SELECT * FROM 学生 WHERE 学号＝ANY(SELECT 学号 FROM 选课 WHERE 成绩＞＝90)

35. 为"选课"表增加一个"等级"字段,其类型为 C、宽度为 2,正确的 SQL 命令是(　　　)。

A. ALTER TABLE 选课 ADD FIELD 等级 C(2)

B. ALTER TABLE 选课 ALTER FIELD 等级 C(2)

C. ALTER TABLE 选课 ADD 等级 C(2)

D. ALTER TABLE 选课 ALTER 等级 C(2)

二、填空题

1. 一个栈的初始状态为空。首先将元素 5,4,3,2,1 依次入栈,然后退栈一次,再将元素 A,B,C,D 依次入栈,之后将所有元素全部退栈,则所有元素退栈(包括中间退栈的元素)的顺序为_____。

2. 在长度为 n 的线性表中,寻找最大项至少需要比较_____次。

3. 一棵二叉树有 10 个度为 1 的结点,7 个度为 2 的结点,则该二叉树共有_____个结点。

4. 仅由顺序、选择(分支)和重复(循环)结构构成的程序是_____程序。

5. 数据库设计的四个阶段是:需求分析、概念设计、逻辑设计和_____。

6. Visual FoxPro 的索引文件不改变表中记录的_____顺序。

7. 表达式 score＜＝100 AND score＞＝0 的数据类型是_____。

8. A＝10

B＝20

? IF(A＞B,"A 大于 B","A 不大于 B")

执行上述程序段,显示的结果是_____。

9. 参照完整性规则包括更新规则、删除规则和_____规则。

10. 如果文本框中只能输入数字和正负号,需要设置文本框的_____属性。

11. 在 SQL Select 语句中使用 GROUP BY 进行分组查询时,如果要求分组满足指定条件,则需要使用_____子句来限定分组。

12. 预览报表 myreport 的命令是 REPORT FORM myreport _____。

13. 将"学生"表中学号左 4 位为"2010"的记录存储到新表 new 中的命令是:SELECT * FROM 学生 WHERE _____＝"2010" _____ DBF new

14. 将"学生"表中的学号字段的宽度由原来的 10 改为 12(字符型),应使用的命令是:ALTER TABLE 学生_____。

第11套 笔 试 考 试 试 题

一、选择题

1.下列关于栈叙述正确的是(   )。

A.栈顶元素最先能被删除 　　　　　　　　　　B.栈顶元素最后才能被删除

C.栈底元素永远不能被删除 　　　　　　　　　　D.以上三种说法都不对

2.下列叙述中正确的是(   )。

A.有一个以上根结点的数据结构不一定是非线性结构 　　B.只有一个根结点的数据结构不一定是线性结构

C.循环链表是非线性结构 　　　　　　　　　　　D.双向链表是非线性结构

3.某二叉树共有 7 个结点,其中叶子结点只有 1 个,则该二叉树的深度为(假设根结点在第 1 层)(   )。

A.3 　　　　　　　　　　B.4 　　　　　　　　　　C.6 　　　　　　　　　　D.7

4.在软件开发中,需求分析阶段产生的主要文档是(   )。

A.软件集成测试计划 　　　　　　　　　　　　B.软件详细设计说明书

C.用户手册 　　　　　　　　　　　　　　　D.软件需求规格说明书

5.结构化程序所要求的基本结构不包括(   )。

A.顺序结构 　　　　　　　　　　　　　　　B.GOTO 跳转

C.选择(分支)结构 　　　　　　　　　　　　D.重复(循环)结构

6.下面描述中错误的是(   )。

A.系统总体结构图支持软件系统的详细设计 　　　B.软件设计是将软件需求转换为软件表示的过程

C.数据结构与数据库设计是软件设计的任务之一 　　D.PAD 图是软件详细设计的表示工具

7.负责数据库中查询操作的数据库语言是(   )。

A.数据定义语言 　　　　　　　　　　　　　B.数据管理语言

C.数据操纵语言 　　　　　　　　　　　　　D.数据控制语言

8.一个教师可讲授多门课程,一门课程可由多个教师讲授。则实体教师和课程间的联系是(   )。

A.1:1 联系 　　　　　　　　　　　　　　　B.1:m 联系

C.m:1 联系 　　　　　　　　　　　　　　　D.m:n 联系

9.有如下三个关系 R、S 和 T,则关系 R 和 S 得到关系 T 的操作是(   )。

R			S		T
A	B	C	A	B	C
a	1	2	c	3	1
b	2	1			
c	3	1			

A.自然连结 　　　　　　　B.交 　　　　　　　　　C.除 　　　　　　　　　D.并

10.定义无符号整数类为 Ulnt,下面可以作为类 Ulnt 实例化值的是(   )。

A.−369 　　　　　　　　　　　　　　　　B.369

C.0.369 　　　　　　　　　　　　　　　　D.整数集合{1,2,3,4,5}

11.在建立数据库表时给该表指定了主索引,该索引实现了数据完整性中的(   )。

A.参照完整性 　　　　　　　　　　　　　　B.实体完整性

C.域完整性 　　　　　　　　　　　　　　　D.用户定义完整性

12.执行如下命令的输出结果是(   )。

? 15%4,15%−4

A.3　−1 　　　　　　　　B.3　3 　　　　　　　　C.1　1 　　　　　　　　D.1　−1

< 51 >

13. 在数据库表中,要求指定字段或表达式不出现重复值,应该建立的索引是(　　)。

A. 唯一索引　　　　　　　　　　　　　　B. 唯一索引和候选索引

C. 唯一索引和主索引　　　　　　　　　　D. 主索引和候选索引

14. 给 student 表增加一个"平均成绩"字段(数值型,总宽度 6,2 位小数)的 SQL 命令是(　　)。

A. ALTER TABLE student ADD 平均成绩 N(6,2)　　　B. ALTER TABLE student ADD 平均成绩 D(6,2)

C. ALTER TABLE student ADD 平均成绩 E(6,2)　　　D. ALTER TABLE student ADD 平均成绩 Y(6,2)

15. 在 Visual FoxPro 中,执行 SQL 的 DELETE 命令和传统的 FoxPro DELETE 命令都可以删除数据库表中的记录,下面正确的描述是(　　)。

A. SQL 的 DELETE 命令删除数据库表中的记录之前,不需要先用 USE 命令打开表

B. SQL 的 DELETE 命令和传统的 FoxPro DELETE 命令删除数据库表中的记录之前,都需要先用命令 USE 打开表

C. SQL 的 DELETE 命令可以物理地删除数据库表中的记录,而传统的 FoxPro DELETE 命令只能逻辑删除数据库表中的记录

D. 传统的 FoxPro DELETE 命令还可以删除其他工作区中打开的数据库表中的记录

16. 在 Visual FoxPro 中,如果希望跳出 SCAN…ENDSCAN 循环语句,执行 ENDSCAN 后面的语句,应使用(　　)。

A. LOOP 语句　　　　　　　　　　　　　B. EXIT 语句

C. BREAK 语句　　　　　　　　　　　　　D. RETURN 语句

17. 在 Visual FoxPro 中,"表"通常是指(　　)。

A. 表单　　　　　　　　　　　　　　　　B. 报表

C. 关系数据库中的关系　　　　　　　　　D. 以上都不对

18. 删除 student 表的"平均成绩"字段的正确 SQL 命令是(　　)。

A. DELETE TABLE student DELETE COLUMN 平均成绩

B. ALTER TABLE student DELETE COLUMN 平均成绩

C. ALTER TABLE student DROP COLUMN 平均成绩

D. DELETE TABLE student DROP COLUMN 平均成绩

19. 在 Visual FoxPro 中,关于视图的正确描述是(　　)。

A. 视图也称做窗口

B. 视图是一个预先定义好的 SQL SELECT 语句文件

C. 视图是一种用 SQL SELECT 语句定义的虚拟表

D. 视图是一个存储数据的特殊表

20. 从 student 表删除年龄大于 30 的记录的正确 SQL 命令是(　　)。

A. DELETE FOR 年龄＞30　　　　　　　　B. DELETE FROM student WHERE 年龄＞30

C. DELETE student FOR 年龄＞30　　　　　D. DELETE student WHERE 年龄＞30

21. 在 Visual FoxPro 中,使用 LOCATE FOR＜expL＞命令按条件查找记录,当查找到满足条件的第一条记录后,如果还需要查找下一条满足条件的记录,应该(　　)。

A. 再次使用 LOCATE 命令重新查询　　　　B. 使用 SKIP 命令

C. 使用 CONTINUE 命令　　　　　　　　　D. 使用 GO 命令

22. 为了在报表中打印当前时间,应该插入的控件是(　　)。

A. 文本框控件　　　　　　　　　　　　　B. 表达式

C. 标签控件　　　　　　　　　　　　　　D. 域控件

23. 在 Visual FoxPro 中,假设 student 表中有 40 条记录,执行下面的命令后,屏幕显示的结果是(　　)。

? RECCOUNT()

A. 0　　　　　　　　　B. 1　　　　　　　　　C. 40　　　　　　　　　D. 出错

24. 向 student 表插入一条新记录的正确 SQL 语句是(　　)。

A. APPEND INTO student VALUES('0401','王芳','女',18)

B. APPEND student VALUES('0401','王芳','女',18)

C. INSERT INTO student VALUES('0401','王芳','女',18)

D. INSERT student VALUES('0401','王芳','女',18)

25. 在一个空的表单中添加一个选项按钮组控件,该控件可能的默认名称是( )。

A. Optiongroup1   B. Check1

C. Spinner1   D. List1

26. 恢复系统默认菜单的命令是( )。

A. SET MENU TO DEFAULT   B. SET SYSMENU TO DEFAULT

C. SET SYSTEM MENU TO DEFAULT   D. SET SYSTEM TO DEFAULT

27. 在 Visual FoxPro 中,用于设置表单标题的属性是( )。

A. Text   B. Title

C. Lable   D. Caption

28. 消除 SQL SELECT 查询结果中的重复记录,可采取的方法是( )。

A. 通过指定主关键字   B. 通过指定唯一索引

C. 使用 DISTINCT 短语   D. 使用 UNIQUE 短语

29. 在设计界面时,为提供多选功能,通常使用的控件是( )。

A. 选项按钮组   B. 一组复选框

C. 编辑框   D. 命令按钮组

30. 为了使表单界面中的控件不可用,需将控件的某个属性设置为假,该属性是( )。

A. Default   B. Enabled

C. Use   D. Enuse

第31~35题使用如下三个数据库表:

学生表:student(学号,姓名,性别,出生日期,院系)

课程表:course(课程号,课程名,学时)

选课成绩表:score(学号,课程号,成绩)

其中出生日期的数据类型为日期型,学时和成绩为数值型,其他均为字符型。

31. 查询"计算机系"学生的学号、姓名、学生所选课程名和成绩,正确的命令是( )。

A. SELECT s.学号,姓名,课程名,成绩

   FROM student s,score sc,course c

   WHERE s.学号 = sc.学号,sc.课程号 = c.课程号,院系 = '计算机系'

B. SELECT 学号,姓名,课程名,成绩

   FROM student s,score sc,course c

   WHERE s.学号 = sc.学号 AND sc.课程号 = c.课程号 AND 院系 = '计算机系'

C. SELECT s.学号,姓名,课程名,成绩

   FROM (student s JOIN score sc ON s.学号 = sc.学号)

   JOIN course c ON sc.课程号 = c.课程号

   WHERE 院系 = '计算机系'

D. SELECT 学号,姓名,课程名,成绩

   FROM (student s JOIN score sc ON s.学号 = sc.学号)

   JOIN course c ON sc.课程号 = c.课程号

   WHERE 院系 = '计算机系'

32. 查询所修课程成绩都大于等于85分的学生的学号和姓名,正确的命令是( )。

A. SELECT 学号,姓名 FROM student s WHERE NOT EXISTS

   (SELECT * FROM score sc WHERE sc.学号 = s.学号码 AND 成绩 <85)

B. SELECT 学号,姓名 FROM student s WHERE NOT EXISTS

   (SELECT * FROM score sc WHERE sc.学号 = s.学号码 AND 成绩 >=85)

C. SELECT 学号,姓名 FROM student s,score sc

　　WHERE s.学号 ＝ sc.学号 AND 成绩＞＝85

D. SELECT 学号,姓名 FROM student s,score sc

　　WHERE s.学号 ＝ sc.学号 AND ALL 成绩＞＝85

33.查询选修课程在5门以上(含5门)的学生的学号、姓名和平均成绩,并按平均成绩降序排序,正确的命令是(　　)。

A. SELECT s.学号,姓名,平均成绩 FROM student s,score sc

　　WHERE s.学号 ＝ sc.学号

　GROUP BY s.学号 HAVING COUNT(*)＞＝5 ORDER BY 平均成绩 DESC

B. SELECT s.学号,姓名,AVG(成绩) FROM student s,score sc

　　WHERE s.学号 ＝ sc.学号 AND COUNT(*)＞＝5

　GROUP BY 学号 ORDER BY 3 DESC

C. SELECT s.学号,姓名,AVG(成绩)平均成绩 FROM student s,score sc

　　WHERE s.学号 ＝ sc.学号 AND COUNT(*)＞＝5

　GROUP BY s.学号 ORDER BY 平均成绩 DESC

D. SELECT s.学号,姓名,AVG(成绩)平均成绩 FROM student s,score sc

　　WHERE s.学号 ＝ sc.学号

　GROUP BY s.学号 HAVING COUNT(*)＞＝5 ORDER BY 3 DESC

34.查询同时选修课程号为 C1 和 C5 课程的学生的学号,正确的命令是(　　)。

A. SELECT 学号 FROM score sc WHERE 课程号 ＝ 'C1'AND 学号 IN

　　(SELECT 学号 FROM score sc WHERE 课程号 ＝'C5')

B. SELECT 学号 FROM score sc WHERE 课程号 ＝ 'C1'AND 学号 ＝

　　(SELECT 学号 FROM score sc WHERE 课程号 ＝'C5')

C. SELECT 学号 FROM score sc WHERE 课程号 ＝ 'C1'AND 课程号＝'C5'

D. SELECT 学号 FROM score sc WHERE 课程号 ＝ 'C1'OR'C5'

35.删除学号为"20091001"且课程号为"C1"的选课记录,正确命令是(　　)。

A. DELETE FROM score WHERE 课程号 ＝ 'C1'AND 学号 ＝ '20091001'

B. DELETE FROM score WHERE 课程号 ＝ 'C1'OR 学号 ＝ '20091001'

C. DELETE FROM score WHERE 课程号 ＝ 'C1'AND 学号 ＝ '20091001'

D. DELETE score 课程号 ＝ 'C1'AND 学号 ＝ '20091001'

二、填空题

1.有序线性表能进行二分查找的前提是该线性表必须是＿＿＿＿存储的。

2.一棵二叉树的中序遍历结果为 DBEAFC,前序遍历结果为 ABDECF,则后序遍历结果为＿＿＿＿。

3.对软件设计的最小单位(模块或程序单元)进行的测试通常称为＿＿＿＿测试。

4.实体完整性约束要求关系数据库中元组的＿＿＿＿属性值不能为空。

5.在关系 A(S,SN,D)和关系 B(D,CN,NM)中,A 的主关键字是 S,B 的主关键字是 D,则称＿＿＿＿是关系 A 的外码。

6.表达式 EMPTY(.NULL.)的值是＿＿＿＿。

7.假设当前表、当前记录的"科目"字段值为"计算机"(字符型),在命令窗口输入如下命令将显示结果＿＿＿＿。

m ＝ 科目—"考试"

? m

8.在 Visual FoxPro 中假设有查询文件 query1.qpr,要执行该文件应使用命令＿＿＿＿。

9.SQL 语句"SELECT TOP 10 PERCENT * FROM 订单 ORDER BY 金额 DESC"的查询结果是订单中金额＿＿＿＿的 10％的订单信息。

10.在表单设计中,关键字＿＿＿＿表示当前对象所在的表单。

11.使用 SQL 的 CREATE TABLE 语句建立数据库表时,为了说明主关键字应该使用关键词＿＿＿＿KEY。

12.在 Visual FoxPro 中,要想将日期型或日期时间型数据中的年份用4位数字显示,应当使用 SET CENTURY

_____命令进行设置。

13. 在建立表间一对多的永久联系时,主表的索引类型必须是_____。

14. 为将一个表单定义为顶层表单。需要设置的属性是_____。

15. 在使用报表向导创建报表时,如果数据源包括父表和子表,应该选取_____报表向导。

< 55 >

第3章 上机考试试题

第1套 上机考试试题

一、基本操作题

(1)在考生文件夹下新建一个名为"供应"的项目文件。

(2)将数据库"供应零件"加入到新建的"供应"项目中。

(3)通过"零件号"字段为"零件"表和"供应"表建立永久性联系,其中,"零件"表是父表,"供应"表是子表。

(4)为"供应"表的"数量"字段设置有效性规则:数量必须大于0并且小于9999;错误提示信息是"数量超范围"(注意:规则表达式必须是"数量>0. and. 数量<9999")。

二、简单应用题

在考生文件夹下完成如下简单应用:

(1)用SQL语句完成下列操作:列出所有与"红"颜色零件相关的信息(供应商号、工程号和数量),并将查询结果按数量降序存放于表 supply_temp 中。

(2)新建一个名为 menu_quick 的快捷菜单,菜单中有两个菜单项"查询"和"修改"。并在表单 myform 的 RightClick 事件中调用快捷菜单 menu_quick。

三、综合应用题

设计一个名为 mysupply 的表单,表单的控件名和文件名均为 mysupply。表单的形式如图1-1所示。

表单标题为"零件供应情况",表格控件为 Grid1,命令按钮"查询"为 Command1、"退出"为 Command2,标签控件 Label1 和文本框控件 Text1(程序运行时用于输入工程号)。

运行表单时,在文本框中输入工程号,单击"查询"命令按钮后,表格控件中显示相应工程所使用的零件的零件名、颜色和重量(通过设置有关"数据"属性实现),并将结果按"零件名"升序排序存储到 pp. dbf 文件。

单击"退出"按钮关闭表单。

完成表单设计后运行表单,并查询工程号为"J4"的相应信息。

图 1-1

第2套 上机考试试题

一、基本操作题

(1)在考生文件夹下建立数据库 bookauth. DBC,把表 books 和 authors 添加到该数据库中。

(2)为 authors 表建立主索引,索引名为"PK",索引表达式为"作者编号"。

(3)为 books 表建立两个普通索引,第一个索引名为"PK",索引表达式为"图书编号";第二个索引名和索引表达式均为"作者编号"。

二、简单应用题

设计一个如图2-1所示的表单,具体描述如下:

(1)表单名和文件名均为 timer,表单标题为"时钟",表单运行时自动显示系统的当前时间。

(2)显示时间的为标签控件 Label1(要求在表单中居中,标签文本对齐方式为居中)。

(3)单击"暂停"命令按钮(Command1)时,时钟停止。

(4)单击"继续"命令按钮(Command2)时,时钟继续显示系统的当前时间。

(5)单击"退出"命令按钮(Command3)时,关闭表单。

图 2-1

提示：使用计时器控件,将该控件的 Interval 属性设置为 500,即每 500 毫秒触发一次计时器控件的 Timer 事件(显示一次系统时间);将该控件的 Interval 属性设置为 0 将停止触发 Timer 事件。在设计表单时将 Timer 控件的 Interval 属性设置为 500。

三、综合应用题

(1)在考生文件夹下,将 books 表中所有书名中含有"计算机"3 个字的图书复制到 books_BAK 表中,以下操作均在 books_BAK 表中完成。

(2)复制后的图书价格在原价格的基础上降低 5%。

(3)从图书均价高于 25 元(含 25)的出版社中,查询并显示图书均价最低的出版社名称及均价,查询结果保存在 new_table4 表中(字段名为出版单位和均价)。

第 3 套 上机考试试题

一、基本操作题

(1)在考生文件夹下新建一个名为"图书管理"的项目文件。

(2)在项目中新建一个名为"图书"的数据库。

(3)将考生文件夹下的所有自由表添加到"图书"数据库中。

(4)在项目中建立查询 book_qu,其功能是查询价格大于等于 10 元的图书(book 表)的所有信息,查询结果按价格降序排序。

二、简单应用题

在考生文件夹下完成如下简单应用：

在 score_manager 建立表单 myform3.,在表单上添加一个表格控件(名称是:grdCourse),并通过该控件显示表 course 的内容(要求 RecordSourceType 属性必须为 0)。

三、综合应用题

设计一个表单名和文件名均为 form_item 的表单,其中,所有控件的属性必须在表单设计器的属性窗口中设置。表单的标题设为"使用零件情况统计"。表单中有一个组合框(Combo1)、一个文本框(Text1)、两个命令按钮"统计"(Command1)和"退出"(Command2)。

运行表单时,组合框中有 3 个条目"s1"、"s2"和"s3"(只有 3 个,不能输入新的,RowSourceType 的属性为"数组",Style 的属性为"下拉列表框")可供选择,单击"统计"命令按钮后,则文本框显示出该项目所使用零件的金额合计(某种零件的金额＝单价＊数量)。

单击"退出"按钮关闭表单。

注意：完成表单设计后要运行表单的所有功能。

第 4 套 上机考试试题

一、基本操作题

在考生文件夹下完成如下基本操作：

(1)通过 SQL INSERT 语句插入元组("p7","PN7","1020")到"零件信息"表(注意不要重复执行插入操作),并将相应的 SQL 语句存储在文件 one. prg 中。

(2)通过 SQL DELETE 语句从"零件信息"表中删除单价小于 600 元的所有记录,并将相应的 SQL 语句存储在文件 two. prg 中。

(3)通过 SQL UPDATE 语句将"零件信息"表中零件号为"p4"的零件的单价更改为 1090,并将相应的 SQL 语句存储在文件 three. prg 中。

(4)打开菜单文件 mymenu. mnx,然后生成可执行的菜单程序 mymenu. mpr。

二、简单应用题

首先创建一个名为 order_m 的数据库,并向其中添加 order 表和 orderitem 表。然后在数据库中创建视图 viewone:利用该视图只能查询商品号为 a00002 的商品订购信息。查询结果依次包含订单号、签订日期和数量三项内容。各记录按订单号升序排列,最后利用刚创建的视图查询视图中的全部信息,并将查询结果存放在表 tabletwo 中。

三、综合应用题

设计一个表单名和文件名均为 myrate 的表单,所有控件的属性必须在表单设计器的属性窗口中设置。表单的标题为"外汇持有情况"。表单中有一个选项组控件(名为 myOption)和两个命令按钮"统计"和"退出"(Command1 和 Command2)。其中,选项组控件有 3 个按钮"日元"、"美元"和"欧元"。

运行表单时,首先在选项组控件中选择"日元"、"美元"或"欧元",单击"统计"命令按钮后,根据选项组控件的选择将持有相应外币的人的姓名和持有数量分别存入表 rate_ry(日元)或表 rate_my(美元)或表 rate_oy(欧元)中。

单击"退出"按钮关闭表单。

表单建成后,要求运行表单,并分别统计"日元"、"美元"和"欧元"的持有数量。

第 5 套　上机考试试题

一、基本操作题

在考生文件夹下的数据库 rate 中完成下列操作:

(1)将自由表 rate_exchange 和 currency_sl 添加到 rate 数据库中。

(2)为表 rate_exchange 建立一个主索引,为表 currency_sl 建立一个普通索引(升序),两个索引的索引名和索引表达式均为"外币代码"。

(3)为表 currency_sl 设定字段的有效性,规则为"持有数量＜＞0",错误提示信息是"持有数量不能为 0"。

(4)打开表单文件 test_form,该表单的界面如图 5-1 所示,请修改"登录"命令按钮的相关属性,使其在运行时可以使用。

图 5-1

二、简单应用题

在考生文件夹下完成如下简单应用:

(1)用 SQL 语句对自由表"教师"完成下列操作:将职称为"教授"的教师新工资一项设置为原工资的 120%,其他教师的新工资与原工资相同;插入一条新记录,该教师的信息为:姓名"林红"、职称"讲师"、原工资 10000 元、新工资 12000 元,同时将使用的 SQL 语句存储于新建的文本文件 teacher.txt 中(两条更新语句,一条插入语句,按顺序每条语句占一行)。

(2)使用查询设计器建立一个查询文件 stud,查询要求:选修了"英语"并且成绩大于等于 70 的学生的姓名和年龄,查询结果按年龄升序存放在于 stud_temp 表中(完成后要运行查询)。

三、综合应用题

在考生文件夹下,打开 Ecommerce 数据库,完成如下综合应用(所有控件的属性必须在表单设计器的属性窗口中设置)。

然后设计文件名和表单名均为 myform 的表单,表单标题为"客户基本信息"。要求该表单上有"女客户信息"(Command1)、"客户购买商品情况"(Command2)、"输出客户信息"(Command3)和"退出"(Command4)四个命令按钮。

各命令按钮功能如下:

(1)单击"女客户信息"按钮,使用 SQL 的 SELECT 命令查询客户表 Customer 中"女"客户的全部信息。

(2)单击"客户购买商品情况"按钮,使用 SQL 的 SELECT 命令查询简单应用中创建的 sd_view 视图中的全部信息。

(3)单击"退出"按钮,关闭表单。

第6套　上机考试试题

一、基本操作题

(1)在考生文件夹下新建一个名为"学生管理"的项目。

(2)将"学生"数据库加入到新建的项目中。

(3)将"教师"表从"学生"数据库中移出,使其成为自由表。

(4)通过"学号"字段为"学生"和"选课"表建立永久联系(如有必要请先建立相关索引)。

二、简单应用题

在考生文件夹下完成下列操作:

(1)修改并执行程序 temp。该程序的功能是根据"教师表"和"课程表"计算讲授"数据结构"这门课程,并且"工资"大于等于 4000 元的教师人数。注意,只能修改标有错误的语句行,不能修改其他语句。

(2)新建"学校"数据库,在数据库里使用视图设计器建立视图 teacher_v,该视图是根据"教师表"和"学院表"建立的,视图中的字段项包括"姓名"、"工资"和"系名",并且视图中只包括"工资"大于等于 4000 元的记录,视图中的记录先按"工资"降序排列,若"工资"相同再按"系名"升序排列。

三、综合应用题

建立满足如下要求的应用并运行,所有控件的属性必须在表单设计器的属性窗口中设置。

(1)建立一个文件名和表单名均为 myform 的表单文件,其中包含两个表格控件,第一个表格控件名称是 grd1,用于显示表 customer 中的记录,第二个表格控件名称是 grd2,用于显示与表 customer 中当前记录对应的 order 表中的记录。要求两个表格尺寸相同、左右布局、顶边对齐。

(2)建立一个菜单 mymenu,该菜单只有一个"退出"菜单项,该菜单项对应于一个过程,其中含有两条语句,第一条语句是关闭表单 myform,第二条语句是将菜单恢复为默认的系统菜单。

(3)在表单 myform 的 Load 事件中执行生成的菜单程序 mymenu.mpr。

注意:程序完成后要运行所有功能。

第7套　上机考试试题

一、基本操作题

在考生文件夹下完成下列操作:

(1)用命令新建一个名为"外汇"的数据库,并将该命令存储于 one.txt 中。

(2)将自由表"外汇汇率"、"外汇账户"、"外汇代码"加入到新建的"外汇"数据库中。

(3)用 SQL 语句在"外汇"数据库中新建一个数据库表 rate,其中包含 4 个字段"币种 1 代码"C(2)、"币种 2 代码"C(2)、"买入价"N(8,4)、"卖出价"N(8,4),请将 SQL 语句存储于 two.txt 中。

(4)表单文件 test_form 中有一个名为 form1 的表单(图 7-1),请将编辑框控件 Edit1 的滚动条去掉。

二、简单应用题

在考生文件夹下完成如下简单应用:

(1)在 SCORE_MANAGER 数据库中查询学生的姓名和 2003 年学生的年龄(计算年龄的公式是:2003−Year(出生年),年龄作为(字段名),结果保存在一个新表 NEW_TABLE1 中。使用报表向导建立报表 NEW_REPORT1,用报表显示 NEW_TABLE1 的内容。报表中的数据按年龄升序排列,报表标题是"姓名一年龄",其余参数使用默认设置。

(2)建立菜单 query_menu。该菜单中只有"查询"和"退出"两个主菜单项(条形菜单),其中单击"退出"菜单项时,返回到 Visual FoxPro 系统菜单(相应命令写在命令框中,不要写在过程中)。

图 7-1

< 59 >

三、综合应用题

（1）在考生文件夹下新建一个名为 myform 的表单文件，表单中包括一个列表框（List1）和两个标题分别为"生成表"和"退出"（名称为 Command1 和 Command2）的命令按钮。

（2）设置列表框的数据源（RowSource）和数据源类型（RowSourceType）两个属性，使用 SQL 语句根据"学院表"的"系名"字段的内容在列表框中显示"系名"（注意不要使用命令指定这两个属性）。

（3）为"生成表"命令按钮的单击事件编写程序。程序的功能是根据表单运行时列表框中选定的"系名"，将"教师表"表中相应系的所有记录存入以该系名命名的自由表中，自由表中包含"职工号"、"姓名"和"工资"3个字段，结果按"职工号"升序排列。

（4）运行表单，单击"生成表"命令按钮，分别生成存有"计算机"、"通信"和"信息管理"系信息的3个表。

第8套　上机考试试题

一、基本操作题

在考生目录下完成如下操作：

（1）新建一个名为"学生"的数据库。

（2）将"学生"、"选课"、"课程"3个自由表添加到新建的数据库"学生"中。

（3）通过"学号"字段为"学生"表和"选课"表建立永久联系。

（4）为上面建立的联系设置参照完整性约束：更新和删除规则为"级联"，插入规则为"限制"。

二、简单应用题

在考生文件夹下完成如下简单应用：

利用查询设计器创建一个名为 query1.qpr 的查询文件，查询考生文件夹下的 xuesheng 表和 chengji 表中数学、英语和信息技术3门课中至少有一门课在90分以上（含）的学生记录。查询结果包含学号、姓名、数学、英语和信息技术5个字段，各记录按学号降序排列，查询去向为表 table1，并运行该查询。

三、综合应用题

在考生文件夹下完成如下操作：

（1）打开基本操作题中建立的学生数据库，将自由表 student、score 和 course 添加到数据库中。

（2）在 student 数据库中建立反映学生选课和考试成绩的视图 viewsc，该视图包括"学号"、"姓名"、"课程名称"和"成绩"4个字段。

（3）打开表单文件 three，完成下列操作：

①为"生成数据"命令按钮（Command1）编写代码：用 SQL 命令查询视图 viewsc 的全部内容，要求先按"学号"升序排列，若"学号"相同再按"成绩"降序排列，并将结果保存在 result 表中。

（Command2）three.frx

②为"运行报表"命令按钮编写代码：预览报表。

③为"退出"命令按钮（Command3）编写代码：关闭并释放表单。

最后运行表单 three，并通过"生成数据"命令按钮产生 result 表文件。

第9套　上机考试试题

一、基本操作题

（1）将考生文件夹下的自由表"图书信息"添加到数据库"图书借阅"中。

（2）为数据库"图书借阅"中的表"读者信息"建立主索引，索引名称为"借书证号"，索引表达式为"借书证号"。

（3）为数据库中的表"图书信息"建立普通索引，索引名称为"条码号"，索引表达式为"条码号"。

（4）设置表"图书信息"的字段"作者"可以为空值。

二、简单应用题

(1)使用"Modify Command"命令建立程序"cx1",查询数据库"学生管理"中选修了3门(含3)以上课程的学生的全部信息,并按"学号"升序排序,将结果存放于表 result 中。

(2)使用"一对多报表向导"建立报表"rpt1"。要求:父表为"学生",子表为"成绩"。从父表中选择字段"学号"和"姓名"。从子表中选择字段"课程编号"和"成绩",两个表通过"学号"建立联系,报表样式选择"账务式",方向为"横向",按"学号"升序排序,报表标题为"学生成绩浏览"。

三、综合应用题

在考生文件夹下,对"销售"数据库完成如下综合应用。

建立一个名称为"view1"的视图,查询"业绩"表中各项的"地区名称"、"商品名称"和"销量"。

设计一个名称为"bd1"的表单,表单上设计一个页框,页框有"综合"和"业绩"两个选项卡,在表单的右下角有一个"关闭"命令按钮。要求如下:

(1)表单的标题为"地区销售查看"。

(2)单击选项卡"综合",在选项卡中以表格显示 view1 视图中的记录。

(3)单击选项卡"业绩",在选项卡中以表格显示"业绩"表中的记录。

(4)单击"关闭"命令按钮,关闭表单。

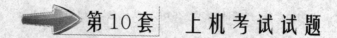

第10套 上机考试试题

一、基本操作题

(1)建立项目文件,文件名为"xm"。

(2)将数据库"学生管理"添加到新建项目"xm"中。

(3)将考生文件夹下的自由表"学生"添加到数据库中。

(4)建立表"学生"和表"成绩"之间的关联。

二、简单应用题

(1)在考生文件夹中有一个"学生管理"数据库,其中有数据库表"学生"存放学生信息,使用菜单设计器制作一个名为"cd1"的菜单,菜单包括"数据管理"和"文件"两个菜单栏。每个菜单栏都包括一个子菜单。菜单结构如下:

```
数据管理
    数据查询
文件
    保存
关闭
```

其中,"数据查询"子菜单对应的过程完成下列操作:打开数据库"学生管理",使用 SQL 的 SELECT 语句查询数据库表"学生"中的所有信息,然后关闭数据库。

"关闭"菜单项对应的命令为 SET SYSMENU TO DEFAULT,使之可以返回到系统菜单。保存菜单项不作要求。

(2)在考生文件夹中有一个数据库"学生管理",其中有数据库表"学生"、"课程"和"成绩"。

用 SQL 语句查询"计算机基础"课程的考试成绩在 80 分以下(含 80 分)的学生的全部信息并将结果按学号升序存入 result. dbf 文件中(表的结构同"学生",并在其后加入成绩字段),将 SQL 语句保存在 cx1. prg 文件中。

三、综合应用题

在考生文件夹下,对数据库"公司"完成如下综合应用:

设计一个名称为 bd1 的表单,在表单上设计一个"选项组"及两个命令按钮"生成"和"关闭"。其中选项按钮组有"职员工资表"、"部门表"和"部门工资汇总表"三个选项按钮。然后为表单建立数据环境,并向数据环境中添加"部门"表、"工资"表和视图"view1"。

各选项按钮功能如下:

(1)当用户选择"职员工资表"选项按钮后,再单击"生成"命令按钮,查询显示 view1 视图中的所有信息,并把结果存入表 view1.dbf 中。

(2)当用户选择"部门表"选项按钮后,再单击"生成"命令按钮,查询显示"部门"表中每个部门的部门编号和部门名称,并把结果存入表 bm1.dbf 中。

(3)当用户选择"部门工资汇总表"选项按钮后,再单击"生成"命令按钮,则按部门汇总,将该公司的部门编号、部门名称、基本工资、补贴、奖励、保险和所得税汇总合计结果存入表 hz1.dbf 中,并按部门编号升序排序(注意:字段名必须与原字段名一致)。

(4)单击"关闭"按钮,退出表单(注意:以上各项功能必须调试,并运行通过)。

第11套　上机考试试题

一、基本操作题

(1)建立项目文件,文件名为"xm"。

(2)将数据库"team"添加到项目"xm"中。

(3)对数据库"team"下的表"积分",使用查询向导建立查询 qry1,要求查询出"积分"表中"积分"在 30 以上的记录。并按"胜场"排序(降序)。

(4)用 select 语句查询表"积分"中的"负场"超过 6(不含 6)的球队信息,将使用的 SQL 语句保存在 result1.txt 中。

二、简单应用题

(1)在考生文件夹下的数据库"成绩管理"中建立视图 view1,并将定义视图的代码放到 view1.txt 中。具体要求是:视图中的数据取自表"student"。按"年龄"排序(降序),"年龄"相同的按"学号"排序(升序)。

(2)使用表单向导制作一个表单"bd1",要求选择"score"表中的所有字段。表单样式为"彩色式",按钮类型为"图片按钮",表单标题为"成绩浏览"。

三、综合应用题

首先将 order_d 表全部内容复制到 order_d2 表,然后对 order_d2 表编写完成如下功能的程序:

(1)把订单中"商品编号"相同的订单合并为一张订单,新的"订单编号"取最小的"订单编号","单价"取加权平均单价(即"商品编号"相同的订单总金额/总数量),"数量"取合计。

(2)结果先按新的"订单编号"升序排序,再按"商品编号"升序排序。

(3)最终记录的处理结果保存在 order_d3 表中。

(4)最后将程序保存为 cx1.prg,并执行该程序。

第12套　上机考试试题

一、基本操作题

(1)建立自由表 car(不要求输入数据),表结构为:

汽车名	字符型(10)
公司	字符型(16)
价格	货币型
产地	字符(10)

(2)用 INSERT 语句为表 car 插入一条记录("桑塔纳","上海大众",120000,"上海"),将使用的 SQL 语句保存到 result1.txt 中。

(3)对表 car 使用表单向导建立一个简单的表单 bd1,要求表单样式为"边框式",按钮类型为"文本按钮",设置表单标题为"汽车信息"。

(4)把表单 bd1 添加到项目"xm"中。

二、简单应用题

(1)在考生文件夹下有一个数据库"图书借阅",使用报表向导制作一个名为"rpt1"的报表,存放在考生文件夹下。要求:选择"读者信息"信息表中的所有的字段。报表样式为"经营式",报表布局:列数为"3",字段布局"列",方向"纵向",按"借书证号"字段升序排序,报表标题为"读者信息表"。

(2)在考生文件夹下有一个数据库"图书借阅",其中有数据库表"图书信息",在考生文件夹下设计一个表单 bd2,表单标题为"图书信息"。该表单为数据库中"图书信息"表的窗口输入界面,表单上还有一个标题为"关闭"的按钮,单击该按钮,则关闭表单。

三、综合应用题

设计一个表单 bd3(表单标题为"外汇账户查询"),所有控件的属性必须在表单设计器的属性窗口中设置。表单有一个标签控件 Label1(标题为"输入账户名称"),一个文本框 Text1(用于输入要查询的账户名称),一个表格控件 Grid1(用于显示所查询账户的外币名称、数量和买入价),两个命令按钮("查询"和"关闭"),单击"查询"按钮时在表格控件 Grid1 中按数量升序显示所查询账户的外币名称、数量和买入价,并将结果存储在以账户名命名的 DBF 表文件中,单击"关闭"命令按钮关闭表单。

完成以上表单设计后运行该表单,并分别查询"账户 A"、"账户 B"和"账户 C"所持有的外币名称、数量和买入价。

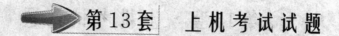

第13套 上机考试试题

一、基本操作题

(1)建立项目文件,文件名为"xm"。

(2)在项目"xm"中建立数据库,文件名为"DB1"。

(3)将考生文件夹下的自由表"销售"添加到数据库"DB1"中。

(4)为(3)中的"销售"表建立普通索引,索引名称和索引表达式均为"公司编号"。

二、简单应用题

(1)建立一个名为 cd1 的菜单,菜单中有两个菜单项"浏览"和"关闭"。"浏览"下还有"排序结果"、"分组结果"两个菜单项。单击"关闭"菜单返回到系统菜单。

(2)在数据库"农场管理"中建立视图"view1"。具体要求是:视图中的数据取自表"种植信息"的全部字段和新字段"收入"并按"收入"排序(升序),其中字段"收入"等于"(市场价-种植成本)*数量"。

三、综合应用题

设计一个文件名和表单名均为 bd1 的表单。表单的标题设为"零件使用情况查询"。表单中有一个标签(标题为"零件编号")、一个组合框、一个文本框、一个表格和两个命令按钮:"查询"和"关闭"。

运行表单时,组合框中有 5 个条目"000001"、"000002"、"000003"、"000004"、"000005"可供选择,单击"查询"命令按钮,则文本框显示出零件的规格,表格显示使用该零件的产品信息和数量(来自产品清单表)。

单击"关闭"按钮关闭表单。

第14套 上机考试试题

一、基本操作题

(1)从项目"xm"中移去数据库"图书借阅"(只是移去,不是从磁盘上删除)。

(2)建立自由表"学生"(不要求输入数据),表结构为:

学号	字符型(8)
宿舍编号	字符型(6)
奖学金	货币型

(3)将考生文件夹下的自由表"学生"添加到数据库"图书借阅"中。

< 63 >

(4)从数据库中永久性地删除数据库表"图书借阅",并将其从磁盘上删除。

二、简单应用题

(1)在考生文件夹中有"种植信息"表。用 SQL 语句查询每种品种的"种植品种"、"市场价"、"种植成本"、"数量"和"净收入",其中"净收入"等于每种品种的"市场价"减去"种植成本"乘以"数量"。查询结果按"净收入"升序排序,"净收入"相同的按"种植品种"排序,将结果存放于表"净收入"中,将使用到的 SQL 代码保存到 result. txt 中。

(2)在考生文件夹下有表"种植信息",在考生文件夹下设计一个表单 bd1,表单标题为"种植信息"。该表单为"种植信息"表的窗口输入界面,表单上还有一个标题为"关闭"的按钮,单击该按钮退出表单。

三、综合应用题

当 order_d 表中的单价修改后,应该根据该表的"单价"和"数量"字段修改 order_m 表的总金额字段,请编写程序实现此功能,具体要求和注意事项如下:

(1)根据 order_d 表中的记录重新计算 order_m 表的总金额字段的值。

(2)一条 order_m 记录可以对应几条 order_d 记录。

(3)最后将 order_m 表中的记录按总金额降序排序存储到 result2 表中(表结构与 order_m 表完全相同)。

(4)将程序保存为 cx1. prg 文件。

第15套 上机考试试题

一、基本操作题

(1)建立项目文件,文件名为"xm"。

(2)将数据库"职员管理"添加到项目"xm"中。

(3)将考生文件夹下的自由表"员工信息"添加到数据库"职员管理"中。

(4)将表"员工信息"的字段"年龄"从表中删除。

二、简单应用题

在考生文件夹下完成如下简单应用:

(1)用 SQL 语句完成下列操作:检索"读者丙"所借图书的书名、作者和价格,结果按价格降序存入 result 表中,将 SQL 语句保存在 cx1. prg 中。

(2)在考生文件夹下有一个名为 cd1 的下拉式菜单,请设计顶层表单 bd1,将菜单 cd1 添加到该表单中,使得在运行表单时,菜单显示在本表单中,并在表单退出时释放菜单。

三、综合应用题

设计一个表单文件名为"bd2"的表单,所有控件的属性必须在表单设计器的属性窗口中设置。表单的标题为"外汇持有情况"。表单中有一个选项组控件和两个命令按钮"统计"和"关闭"。其中,选项组控件有三个单选按钮"美元"、"英镑"和"港元"。

运行表单时首先在选项组控件中选择"美元"、"英镑"或"港元",单击"统计"命令按钮后,根据选项组控件的选择将持有相应货币的账户名和数量分别存入 tbl_usd. dbf(美元)、tbl_gpb. dbf(英镑)和 tbl_hkd(港元)中。

单击"关闭"按钮时关闭表单。

表单建完后,要求运行表单,并分别统计"美元"、"英镑"和"港元"的持有数量。

第16套 上机考试试题

一、基本操作题

(1)将数据库"职员管理"添加到项目"xm"中。

(2)对数据库"职员管理"下的表"部门",使用视图向导建立视图 view1,要求显示出表中的全部字段,并按"部门编号"排序(升序)。

< 64 >

(3)设置表"员工信息"的字段"性别"的默认值为"男"。

(4)为表"员工信息"的字段"工资"设置完整性约束,要求工资至少在800元(含)以上,否则提示信息:"工资必须达到最低保障线800"。

二、简单应用题

在考生文件夹下完成如下简单应用:

(1)用SQL语句完成下列操作。列出所有与"黑色"零件相关的信息(产品编号,零件名称和数量),并将检索结果按数量降序排序存放于表 result1 中,将 SQL 语句保存在 cx1. prg 文件中。

(2)建立一个名为 cd1 的快捷菜单,菜单中有两个菜单项"查询"和"修改"。然后在表单 bd1 中的 RightClick 事件中调用快捷菜单 cd1。

三、综合应用题

在考生文件夹下有"公司"数据库,数据库中有表"加班费"和"加班登记"。

请编写并运行符合下列要求的程序:

设计一个名为 cd2 的菜单,菜单中有两个菜单项"计算"和"关闭"。

程序运行时,单击"计算"菜单项应完成下列操作:

(1)计算"加班登记"表的每个员工的加班费,计算方法是:

加班费＝次数 * (加班类型对应的"加班费"表的"加班费"字段)的总和

(2)根据上面的结果,将员工的职工编号、姓名、加班费存储到自由表 result2 中,并按加班费降序排列,如果加班费相等,则按职工编号升序排列。

单击"关闭"菜单项,终止程序运行。

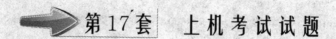

第17套 上机考试试题

一、基本操作题

(1)为数据库"职员管理"中的表"员工信息"建立主索引,索引名称和索引表达式均为"职工编号"。

(2)为数据库"职员管理"中的表"工资"建立普通索引,索引名称和索引表达式为"部门编号"。

(3)建立表"工资"和表"员工信息"之间的关联。

(4)为(3)中建立的关联设置完整性约束。要求:更新规则为"限制",删除规则为"级联",插入规则为"忽略"。

二、简单应用题

(1)设计时钟应用程序,具体描述如下:

表单名和表单文件名均为 timer,表单标题为"时钟",表单运行时自动显示系统的当前时间。

① 单击"暂停"命令按钮,时钟停止。

② 单击"继续"命令按钮时,时钟继续显示系统的当前时间。

③ 单击"关闭"命令按钮时,关闭表单。

提示:使用计时器控件,将该控件的 interval 属性设置为1000,即每1000ms 触发一次计时器控件的 timer 事件(显示一次系统时间);将计时器控件的 interval 属性设置为0,将停止触发 timer 事件;在设计表单时将 timer 控件的 interval 属性设置为1000。

(2)使用查询设计器设计一个查询 qry1,要求如下:

基于自由表"货币代码"和"外汇账户",查询含有字段"账户"、"货币名称"、"数量"、"买入价"及表达式"买入价 * 数量",先按"账户"升序排序,再按"数量"降序排序,查询去向为表 result.dbf,完成设计后将查询保存,并运行该查询。

三、综合应用题

考生文件夹下有数据库"学生管理",请完成以下要求:

(1)利用报表向导制作一个报表。要求:选学生表所有字段,记录不分组,报表样式为"随意式",排序字段为"学号"(升序);报表标题为"学生信息一览表",报表文件名为 bb1。

(2)设计一个名称为 bd2 的表单,表单上有"浏览"和"打印"两个命令按钮。用鼠标单击"浏览"命令按钮时,先打开数据库"学生管理",然后执行 SELECT 语句查询学生表的记录(两条命令,不可以有多余命令),用鼠标单击"打印"命令按钮时,调用报表文件 bb1 浏览报表的内容(一条命令,不可以有多余命令)。

第18套　上机考试试题

一、基本操作题

(1)在考生文件夹下建立数据库"学生"。

(2)把自由表 student、score 添加到"学生"数据库中。

(3)在"学生"数据库中建立视图 view1,要求显示表 score 中的全部字段(按表 score 中的顺序)和所有记录。

(4)为 student 表建立主索引,索引名和索引表达式均为"学号"。

二、简单应用题

(1)考生文件夹下有一个表"成绩.dbf",使用菜单设计器制作一个名为 cd1 的菜单,菜单只有一个"成绩统计"子菜单。"成绩统计"菜单中有"学生平均成绩"、"课程平均成绩"和"关闭"三个子菜单。"学生平均成绩"子菜单统计每位学生的平均成绩,"课程平均成绩"子菜单统计每门课程的平均成绩,"关闭"子菜单使用 SET SYSMENU TO DEFAULT 来返回系统菜单。

(2)有如下命令序列,其功能是根据输入的考试成绩显示相应的成绩等级。

```
SET TALK OFF
CLEAR
INPUT"请输入考试成绩:"TO cj
Dj＝iif(cj<60,"不及格",iif(cj>＝90,"优秀",iif(cj>＝80,"良好","及格")))
?? "成绩等级为:"＋dj
SET TALK ON
```

请编写程序 cx2.prg,用 DO CASE 型分支结构实现该命令程序的功能。

三、综合应用题

对考生文件夹下的"图书信息"表新建一个表单 bd1,完成以下要求:表单标题为"图书信息浏览"。表单内有一个组合框,一个命令按钮和三对标签与文本框的组合。表单运行时组合框内是"图书信息"表中所有书名(表内书名不重复)以供选择。当选择书名后,三对标签和文本框将分别显示表中除"书名"字段外的其他三个字段的字段名和字段值。

单击"关闭"按钮,退出表单。

第19套　上机考试试题

一、基本操作题

(1)建立项目文件,名为"xm"。

(2)将数据库"订货管理"添加到新建立的项目"xm"当中。

(3)把表单 bd1 添加到项目"xm"中。

(4)修改表单 bd1,将其中的命令按钮删除。

二、简单应用题

在考生文件夹下,打开订货管理数据库,完成如下简单应用:

(1)使用报表向导建立一个简单报表。要求:选择客户表中的所有字段;记录不分组;报表样式为随意式;列数为"1",字段布局为"列",方向为"纵向";排序字段为"客户编号",升序;报表标题为"客户信息一览表";报表文件名为 bb1。

(2)使用命令建立一个名称为 view1 的视图,并将定义视图的命令代码存放到命令文件 view1.prg 中。视图中包括客户的客户编号、客户名称、商品名称、价格、数量和金额(金额＝价格 * 数量),结果按"客户编号"升序排序。

三、综合应用题

在考生文件夹下,打开订货管理数据库,完成如下综合应用(所有控件的属性必须在表单设计器的属性窗口中设置):

设计一个表单 bd2,表单标题为"客户基本信息"。要求该表单上有"客户信息"、"客户购买商品情况"、"输出客户信息"和"关闭"4 个命令按钮。

各命令按钮的功能如下:

①单击"客户信息"按钮,使用 SQL 的 SELECT 命令查询客户表中客户的全部信息。

②单击"客户购买商品情况"按钮,使用 SQL 的 SELECT 命令查询第二题中创建的 view1 视图中的全部信息。

③单击"输出客户信息"按钮,调用第二题中设计的报表文件 bb1 在屏幕上预览(PREVIEW)客户信息。

④单击"退出"按钮,关闭表单。

➡ 第20套 上机考试试题

一、基本操作题

在考生文件夹下,打开"订货管理"数据库,完成下列基本操作:

(1)打开"订货管理"数据库,并将考生文件夹下的自由表"order_d"添加到该数据库中。

(2)为"order_d"表创建一个主索引,索引名为 order_d,索引表达式为"订单编号＋商品编号"。再为"order_d"表创建两个普通索引(升序),其中一个索引名和索引表达式均是"订单编号";另一个索引名和索引表达式均是"商品编号"。

(3)通过"订单编号"字段建立表"order_m"和表"order_d"之间的永久联系(注意不要建立多余的联系)。

(4)为以上建立的联系设置参照完整性约束。要求:更新规则为"级联",删除规则为"限制",插入规则为"限制"。

二、简单应用题

在考生文件夹下,有一个数据库"教材",其中有数据库表"教材"和"作者"。

(1)在表单向导中选取一对多表单向导创建一个表单。要求:从父表"作者"中选取字段"作者姓名"和"作者单位",从子表"教材"中选取字段"教材名称"、"价格"和"出版社",表单样式选取"阴影式",按钮类型使用"文本按钮",按作者姓名升序排序,表单标题为"教材信息",最后将表单存放在考生文件夹中,表单文件名是 bd1。

(2)建立价格大于等于 25,按作者姓名升序排序的本地视图 view1,该视图按顺序包含字段"作者姓名"、"作者单位"、"教材名称"、"价格"和"出版社",然后使用新建立的查询视图中的全部信息,并将结果存入表 result。

三、综合应用题

设计一个表单名和文件名均为 bd2 的表单,所有控件的属性必须在表单设计器的属性窗口中设置。表单的标题为"外币市值情况"。表单中有一个文本框、一个表格和两个命令按钮"查询"和"关闭"。

运行表单时,在文本框 text1 中输入货币代码,然后单击"查询",则表单中会显示出与外汇账户相应的账户信息及持有外币相当于人民币的价值数量。注意,某种外币相当于人民币数量的计算公式:人民币价值数量＝该种外币的"买入价"∗该种外币的"数量"。

单击"关闭"按钮关闭表单。

➡ 第21套 上机考试试题

一、基本操作题

(1)将考生文件夹下的自由表"商品"添加到数据库"商品管理"中。

(2)将数据库"商品管理"中的表"目录"移出,使之变为自由表。

(3)从数据库"商品管理"中永久性地删除数据库表"商品_tmp",并将其从磁盘上删除。

(4)为数据库"商品管理"中的表"商品"建立候选索引,索引名称为"商品编码",索引表达式为"商品编码"。

二、简单应用题

(1)"商品"数据库下有两个表,使用菜单设计器制作一个名为"cd1"的菜单,菜单只有一个"查看"菜单项。该菜单项中有"供应商"、"单价"和"关闭"三个子菜单。

"供应商"子菜单查询"供应商编号"为"0001"的商品的"名称"和"供应商名称";

"单价"子菜单查询"单价"在 5000(含)以上的"商品"的全部信息;

"关闭"菜单项负责返回系统菜单。

(2)在考生文件夹下有一个数据库"商品",使用报表向导制作一个名为"rpt1"的报表,存放在考生文件夹下。要求:选择"商品信息"表中字段"商品编号"、"商品名称"和"单价";报表样式为"经营式";报表布局:列数为"2",方向为"横向";按"单价"字段排序(降序);报表标题为"商品单价浏览"。

三、综合应用题

设计文件名为 bd1 的表单。表单的标题设为"部门人数统计"。表单中有一个组合框、两个文本框和两个命令按钮,标题分别为"统计"和"关闭"。

运行表单时,组合框中有部门信息"部门编号"可供选择,在做出选择以后,单击"统计"命令按钮,则第一个文本框显示出部门名称,第二个文本框中显示出"职员信息"表中该部门的人数。

单击"关闭"按钮关闭表单。

第 22 套　上机考试试题

一、基本操作题

(1)建立自由表"节目单"(不要求输入数据),表结构为:

播出时间	日期时间型
名称	字符型(20)
电视台	字符型(10)

(2)将表"商品信息"的记录复制到表"商品_bak"中。

(3)用 SELECT 语句查询表"商品信息"中的"产地"在"上海"的记录,将查询结果保存在表 result1 中。

(4)对表"商品信息"使用表单向导建立一个简单的表单,要求样式为"石墙式",按钮类型为"图片按钮",标题为"商品信息",表单文件名为 bd1。

二、简单应用题

(1)在 team 数据库中有数据库表积分,统计"胜场">="负场"的所有信息。并将结果放在表 result2 中,将所使用到的 SQL 语句保存到 cx1. prg 中。

(2)在考生文件夹下有一个数据库 team,其中有数据库表"积分"。使用报表向导制作一个名为 rpt1 的报表。要求:选择表中的全部字段;报表样式为"随意式";报表布局:列数为"2",方向为"横向";排序字段为"积分"(降序);积分相同时按胜场次排序(降序);报表标题设置为"积分榜"。

三、综合应用题

设计文件名为"bd2"的表单。表单的标题设为"平均成绩查询"。表单中有一个组合框、一个文本框和两个命令按钮,命令按钮的标题分别为"查询"和"关闭"。

运行表单时,组合框中有"学号"可供选择,在组合框中选择"学号"后,如果单击"查询"命令按钮,则文本框显示出该生的考试平均成绩。

单击"关闭"按钮关闭表单。

第 23 套　上机考试试题

一、基本操作题

(1)将数据库"农场管理"中的表"职工"移出,使之成为自由表。

(2)为表"农场信息"增加字段"地址",类型和宽度为字符型(10)。

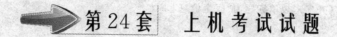

(3)设置表"农场信息"的字段"地址"的默认值为"内蒙古"。

(4)为表"农场信息"插入一条记录("002","草原牧场","内蒙古")。

二、简单应用题

(1)在"学生管理"数据库中查询选修了"VFP 入门"课的学生的所有信息,并将查询结果保存在一个名为"VFP 入门"的表中。

(2)在考生文件夹下对数据库中的表"课程"的结构做如下修改:指定"课程编号"为主索引,索引名和索引表达式均为"课程编号";指定"课程名称"为普通索引,索引名和索引表达式均为"课程名称",设置字段"课程编号"的有效性为开头字符必须为"0"。

三、综合应用题

考生文件夹下存在数据库"学生管理",其中包含表"课程"和表"成绩",这两个表存在一对多的联系。

对"学生管理"据库建立文件名为 bd1 的表单,表单标题为"课程成绩查看",其中包含两个表格控件。第一个表格控件用于显示表"课程"的记录,第二个表格控件用于显示与"课程"表当前记录对应的"成绩"表中的记录。

表单中还包含一个标题为"关闭"的命令按钮,要求单击此按钮退出表单。

第 24 套 上机考试试题

一、基本操作题

(1)请在考生文件夹下建立一个项目"xm1"。

(2)将考生文件夹下的数据库 cj 添加到新建的项目"xm1"中去。

(3)利用视图设计器在数据库中建立视图 view1,视图包括 student 表的全部字段和全部记录。

(4)从表 xsjl 中建立查询"qry1",查询"奖励等级"为一等奖的学生的全部信息(xsjl 表的全部字段),并按分数降序排列,存入新表 result 中。

二、简单应用题

(1)在销售记录数据库 xs 中有"商品信息"表和"购买信息"表。用 SQL 语句查询会员号为"08000001"的会员购买的商品的信息(包括购买表的全部字段和商品名),并将结果存放于表 result2 中,将 SQL 语句保存在 result2. txt 文件中。

(2)在考生文件夹下有一个数据库 TSJY,其中有数据库表"图书借阅"。使用报表向导制作一个名为 rep 的报表。要求:选择表中的全部字段;报表样式为"带区式";报表布局:列数为 2,方向为"纵向";排序字段为"借阅日期"(升序);报表标题为"图书借阅情况表"。

三、综合应用题

在考生文件夹下有仓库数据库 stock 包括三个表文件:

zgk(仓库编号 C(4),职工编号 C(4),工资 N(4))

dgk(职工编号 C(4),供应商号 C(4),订购单号 C(4),订购日期 D,总金额 N(10))

gys(供应商号 C(4),供应商名 C(16),地址 C(10))

设计一个名为 dgcx 的菜单,菜单中有两个菜单项"查询"和"退出"。

程序运行时,单击"查询"应完成下列操作:检索出工资多于 1100 元的职工向北京的供应商发出的订购单信息,并将结果按总金额降序排列存放在 result3. dbf 文件中。

单击"退出"菜单项,程序终止运行。

(注:相关数据表文件存在于考生文件夹下)

第25套　上机考试试题

一、基本操作题

　　(1)将考生文件夹下的自由表"电器"添加到数据库"db1"中。

　　(2)将表"电器"的字段"进货价格"从表中删除。

　　(3)修改表"电器"的记录,将单价乘以110%。

　　(4)用 select 语句查询表中的产地为"上海"的记录。

　　将(3)(4)中所用的 SQL 语句保存到 cx1. txt 中。

二、简单应用题

　　(1)根据考生文件夹下的表"student"和表"score"建立一个查询,该查询包含的字段有"学号"、"姓名"、"性别"和"课程编号"、"成绩"。要求按"学号"排序(升序),并将查询保存为"qry1"。

　　(2)使用表单向导制作一个表单 bd1,要求:选择"doctor"表中的所有字段,表单样式为"边框式",按钮类型为"图片按钮",排序字段选择"医生编号"(升序),表单标题为"医生信息"。

三、综合应用题

　　对考生目录下的数据库 school 建立文件名为 bd2 的表单。表单含有一个表格控件,用于显示用户查询的信息;表单上有一个按钮选项组,含有"课程信息"、"学生信息"和"成绩信息"三个选项按钮;表单上有两个命令按钮,标题为"浏览"和"关闭"。

　　选择"课程信息"选项按钮并单击"浏览"按钮时,在表格中显示 course 表的字段"课程编号"、"课程名称"。

　　选择"学生信息"选项按钮并单击"浏览"按钮时,表格中显示 student 表的字段"学号"、"姓名"、"性别"和"出生日期"。

　　选择"成绩信息"选项按钮并单击"浏览"按钮时,表格中显示"姓名"、"课程名称"及该生该门课的"成绩"。

　　单击"关闭"按钮退出表单。

第26套　上机考试试题

一、基本操作题

　　在考生文件夹下完成如下基本操作:

　　(1)从数据库"投资管理"中移去表"交易"(不是删除)。

　　(2)将自由表"股票信息"添加到数据库"投资管理"中。

　　(3)为表"股票信息"建立一个主索引,索引名和索引表达式均为"股票代码"。

　　(4)为"股票信息"表的股票代码字段设置有效性规则,"规则"是:LEFT(股票代码,1)="6" OR LEFT(股票代码,1)="0";错误提示信息是:"股票代码的第一位必须是 6 或 0"。

二、简单应用题

　　在考生文件夹下完成如下简单应用:

　　(1)用 SQL 语句完成下列操作:列出所有赢利(现价大于买入价)的股票简称、现价、买入价和持有数量,并将检索结果按持有数量降序排序存放于表股票_tmp 中,将 SQL 语句保存在 cx1. prg 文件中。

　　(2)使用一对多报表向导建立报表。要求:父表为股票信息,子表为股票账户,从父表中选择字段"股票简称";从子表中选择全部字段;两个表通过"股票代码"建立联系;按股票代码升序排序;报表标题为"股票账户信息";生成的报表文件名为 bb1。

三、综合应用题

　　(1)根据数据库"住宿管理"中的表"宿舍"和"学生"建立一个名为 view1 的视图,该视图包含字段"姓名"、"学号"、"年龄"、"宿舍名称"和"电话"。要求根据学号排序(升序)。

　　(2)建立一个表单,文件名为 bd1,在表单上显示前面建立的视图 view1。在表格控件下面添加一个命令按钮,标题为"关

< 70 >

闭"。单击该按钮退出表单。

第27套 上机考试试题

一、基本操作题

(1)在数据库"公司"中建立表"部门",表结构如下:

字段名	类型	宽度
部门编号	字符型	4
部门名称	字符型	20

然后在表中输入5条记录,记录内容如下:

部门编号	部门名
0001	销售部
0002	采购部
0003	项目部
0004	制造部
0005	人事部

(2)为"部门"表创建一个主索引(升序),索引名为"部门编号",索引表达式为"部门编号"。

(3)通过"部门编号"字段建立"职员信息"表和"部门"表间的永久联系。

(4)为以上建立的联系设置参照完整性约束:更新规则为"限制";删除规则为"级联";插入规则为"忽略"。

二、简单应用题

(1)有数据库"图书借阅",建立视图view1,包括"借书证号"、"借阅日期"和"书名"字段。内容是借出图书"VFP入门"的记录。建立表单bd1,在表单上显示视图view1的内容。

(2)使用表单向导制作一个表单,要求选择图书借阅表中的全部字段。表单样式为"阴影式",按钮类型为"图片按钮",排序字段选择"借书证号"(升序),表单标题为"读者借阅信息",最后将表单保存为bd2。

三、综合应用题

在表单中包含有两个表格控件。第一个表格控件用于显示表"零件"的记录,第二个表格控件用于显示与表"零件"当前记录对应的"产品"表中的记录。

表单中还包含一个标题为"关闭"的命令按钮,要求单击此按钮退出表单。

第28套 上机考试试题

一、基本操作题

(1)打开"school"数据库,将表"考勤"从数据库中移出,并永久删除。

(2)为"score"表的"成绩"字段定义默认值为0。

(3)为"score"表的"成绩"字段定义约束规则:成绩>=0 and 成绩<=100,违背规则的提示信息是:考试成绩输入有误。

(4)为表student添加字段"备注",字段数据类型为字符型(8)。

二、简单应用题

(1)建立表单bd1,表单上有三个标签,当单击任何一个标签时,都使其他两个标签的标题互换。

(2)根据表作者和表教材建立一个查询,该查询包含的字段有"作者姓名"、"教材名称"、"价格"和"出版社"。要求按"价格"排序(升序),并将查询保存为cx1。

三、综合应用题

对考生文件夹下的数据库"职员管理"中的"员工信息"表和"职称"表完成如下操作:

(1)为表"职称"增加两个字段"人数"和"明年人数",字段类型均为整型。

< 71 >

(2)编写命令程序 cx2,查询职员中拥有每种职称的人数,并将其填入表"职称"的"人数"字段中,根据职称表中的"人数"和"增加百分比",计算"明年人数"的值,如果增加的人数不足一个,则不增加。

(3)运行该程序。

第29套　上机考试试题

一、基本操作题

(1)创建一个新的项目"xm"。

(2)在新建立的项目中创建数据库"学生"。

(3)在"学生"数据库中建立数据表 student,表结果如下:

　　学号　　　　　字符型(8)

　　姓名　　　　　字符型(8)

　　住宿日期　　　　日期型

(4)为新建立的 student 表创建一个主索引,索引名和索引表达式均为"学号"。

二、简单应用题

(1)在"职员管理"数据库中统计"考勤"表中的"加班天数",并将结果写入"员工信息"表中的"加班天数"字段,将 SQL 语句保存在 cx1.prg 文件中。

(2)在数据库"职员管理"下建立视图 view1,包括"职工编号"、"姓名"和"夜班天数"等字段,内容是夜班天数在 3 天以上的员工。建立表单 bd1,在表单上显示视图 view1 的内容。

三、综合应用题

设计名为"bd2"的表单,表单的标题为"零件装配情况"。表单中有一个表格控件和两个命令按钮"查询"和"关闭"。运行表单时,单击"查询"命令按钮后,要求表格中显示产品编号"0003"所使用的零件的零件名称、规格和数量。单击"关闭"按钮关闭表单。

第30套　上机考试试题

一、基本操作题

(1)在考生文件夹下建立数据库"销售"。

(2)把考生文件夹下的自由表客户和订货添加到刚建立的数据库中。

(3)为客户表建立主索引,索引名和索引表达式均为"客户编号"。

(4)为订货表建立普通索引,索引名为订单编号,索引表达式为"订单编号"。

二、简单应用题

(1)考生目录下有一个商品表,使用菜单设计器制作一个名为"cd1"的菜单,菜单只有一个"产地查询"子菜单。该菜单项中有"北京"、"四川"和"关闭"三个子菜单,"北京"子菜单查询出产地是"北京"的所有商品的信息,"四川"子菜单查询出产地是"四川"的所有商品的信息,使用"关闭"子菜单项返回系统菜单。

(2)对在考生文件夹下的数据库"会员"中的表"会员信息"的结构作如下修改:指定"会员编号"为主索引,索引名和索引表达式均为"会员编号";指定"年龄"为普通索引,索引名为"年龄",索引表达式为"年龄",年龄字段的有效性规则是:年龄>=18,默认值是 30。

三、综合应用题

设计名为"bd1"的表单。表单标题为"学习情况浏览"。表单中有一个选项组控件、一个表格、两个命令按钮"成绩查询"和"关闭"。其中,选项组控件有两个按钮"升序"和"降序"。根据选择的选项组控件,将选修了"VFP 入门"的学生的"学号"、"姓名"和"成绩"按成绩排序显示到表格中并存入 result.dbf 文件中。

第4章 笔试考试试题答案与解析

 第1套 笔试考试试题答案与解析

一、选择题

1.B。【解析】根据栈先进后出的特点可知 e1 肯定是最后出栈的,因此正确答案为选项 B。

2.A。【解析】数据库系统会减少数据冗余,但不可能避免一切冗余。

3.A。【解析】数据流图(DFD),它以图形的方式描绘数据在系统中流动和处理的过程,由于它只反映系统必须完成的逻辑功能,所以它是一种功能模型。数据流图有 4 种基本图形符号:箭头表示数据流;椭圆表示加工;双杠表示存储文件(数据源);方框表示数据的源点或终点。

4.B。【解析】根据二分法查找需要两次:首先将 90 与表中间的元素 50 进行比较,由于 90 大于 50,所以在线性表的后半部分查找;第二次比较的元素是后半部分的中间元素,即 90,这时两者相等,即查找成功。

5.B。【解析】对二叉树的后序遍历是先遍历左子树,然后遍历右子树,最后是根结点。

6.C。【解析】在 Visual FoxPro 项目管理中,文件从项目管理器中移出,只是该文件不存在于此项目,但会保留在磁盘中。移出的文件可再次被原项目添加,也可以被其他项目添加。

7.D。【解析】需求分析是软件定义时期的最后一个阶段,它的基本任务就是详细调查现实世界要处理的对象,充分了解原系统的工作概况,明确用户的各种需求,然后在这些基础上确定新系统的功能。

8.B。【解析】关系的交(∩)、并(∪)和差(—)运算要求两个关系是同元的,显然作为二元的 R 和三元的 S 只能做笛卡儿积运算。

9.C。【解析】结构化分析方法是面向数据流进行需求分析的方法,采用自顶向下、逐层分解、建立系统的处理流程。

10.A。【解析】数据库设计包括数据库概念设计和数据库逻辑设计两个方面的内容。

11.A。【解析】LEFT()从指定表达式值的左端取一个指定长度的子串作为函数值;RIGHT()从指定表达式值的右端取一个指定长度的子串作为函数值;SUBSTR()从指定表达式值的指定起始位置取指定长度的子串作为函数值。由于一个汉字占用两个字节,所以选项 A 的结果为"考试";选项 B 的结果为"机";选项 C 的结果为"试";选项 D 的结果为"计算"。

12.D。【解析】本题考查 Visual FoxPro 系统中存储通用型字段数据的文件的类型,字段类型是表示该字段中存放数据的类型,一个字段即二维表中的一列。字段类型有字符型和数值型等。备注型和通用型字段的信息都没有直接存放在表文件中,而是存放在一个与表文件同名的.FPT 备注文件中。

13.A。【解析】实体之间的联系分为:一对一、一对多和多对多。因为每一个学生都能学习很多的课程,所以学生和课程之间是多对多的联系。

14.D。【解析】与文本框一样,编辑框也是用来输入、编辑数据的,它可以剪切、复制和粘贴数据,但它有自己的特点:编辑框实际上是一个完整的字处理器,其处理的数据可以包含回车符,它只能输入、编辑字符型数据,包括字符型内存变量、数组元素、字段以及备注字段里的内容。

15.C。【解析】所谓自由表,就是那些不属于任何数据库的表,所有由 FoxBASE 或早期版本的 FoxPro 创建的数据库文件(.dbf)。在 Visual FoxPro 中创建表时,如果当前没有打开数据库,则创建的表也是自由表。可以将自由表添加到数据库中,使之成为数据库表;也可以将数据库表从数据库中移出,使之成为自由表。

16.C。【解析】菜单定义文件扩展名是 MNX;菜单程序文件的扩展名是 MPR;菜单备注文件的扩展名是 MNT;PRG 是程序文件;SPR 是生成的屏幕程序文件。

17.C。【解析】表间更新命令是 UPDATE ON<关键字字段>FROM<工作区><源表名>REPLACE<字段名>WITH<表达式>。使用 REPLACE 命令时,如果范围短语为 ALL 或 REST,则执行该命令后记录指针指向末记录的后面。

18.B。【解析】取消当前表到所有表的临时联系的命令是:SET RELATION TO。如果只是取消某个具体的临时联系,应该使用的命令是:SET RELATION OFF INTO NWorkArea1 | CTableAlias1。

19.C。【解析】查询设计器界面包含字段、连接、筛选、排序依据、分组依据和杂项等6个选项卡,其中筛选对应于WHERE短语,用于指定条件。

20.D。【解析】ANY、ALL和SOME是量词,其中ANY和SOME是同义词,在进行比较运算时只要子查询中有一行能使结果为真,则结果为真;而ALL则要求子查询中的所有行都使结果为真时,结果才为真。EXITS是谓词,EXITS和NOT EXITS用来检查在子查询中是否有结果返回(即存在元组或不存在元组)。

21.C。【解析】通过在SELECT语句中加入ORDER BY可将查询结果排序,可以按升序(ASC)和降序(DESC)排列列或行,升序是默认的排列方式;ORDER BY必须是SQL命令的最后一个子句;GROUP BY是用来指定分组查询,ORDER BY指定对查询结果进行排序。

22.C。【解析】程序A中把初始值5赋给变量S,然后运行程序B,程序B执行S＝S＋10,执行完毕后,变量S的值为15,接着返回到程序A,最后输出。所以程序的运行结果是15。

23.C。【解析】域完整性指的是对表中字段的取值的限定。如对于数值型数据,可以通过指定字段的宽度来限定其取值范围。域约束也称字段有效性,在插入或修改字段值时起作用,主要用于数据输入正确性检验。

24.A。【解析】主索引是不允许索引关键字中出现重复值的索引。一个表只能有一个主索引,只有数据库表才能建立主索引,自由表不能。候选索引同主索引一样,不允许索引关键字中出现重复值,这种索引是主索引的候选者。表可以有多个候选索引,数据库表和自由表都可以建立候选索引。

25.D。【解析】简单查询基于一个关系,即仅对一个表进行查询,可以包含简单的查询条件。命令格式如下:

SELECT<字段名列表>FROM<表名>WHERE<查询条件>

"字段名列表"指查询结果中包含的字段名,多个字段名之间用半角逗号(,)分隔。"查询条件"是一个逻辑表达式,它是由多个表达式通过逻辑运算符(NOT、AND、OR)连接而成的,关系表达式中可以使用的关系运算符见下表。

运算符	含　义	运算符	含　义
＝	等于	＜	小于
＜＞,！＝,#	不等于	＜＝	小或等于
＝＝	精确等于	BETWEEN…AND	在两组之间
＞	大于	IN	在一组值的范围内
＞＝	大小或等于	LIKE	字符匹配运算符,"%"表示与若干个任意字符匹配;"_"表示与一个任意字符匹配
IS NULL	为空值		

26.D。【解析】参照完整性与表之间的关联有关,它的大概含义是:当插入、删除或修改一个表中的数据时,通过参照引用相互关联的另一个表中的数据,来检查对表的数据操作是否正确。参照完整性规则包括更新规则、删除规则和插入规则。插入规则规定了当在表中插入记录时,是否进行参照完整性检查。如果选择"限制",若父表中没有相匹配的连接字段值,则禁止插入子记录。如果选择"忽略",则不做参照完整性检查,即可以随意插入子记录。

27.D。【解析】MYFORM是表单名;修改表单背景属性时,应指定标签所在的表单对象,使用THISFORM关键字说明,PATENT表示当前对象的直接容器对象;THIS表示当前对象。

28.C。【解析】掌握基本的SQL查询语句中各个短语的含义。TOP短语必须与ORDER.BY短语一起使用才有效。TOP短语用来显示查询结果的部分记录,不能单独使用,必须与排序短语ORDER BY一起使用才有效。

29.A。【解析】SQL查询语句中的TO FILE子句是将查询结果存放到指定的文本文件中,默认为.txt的文本文件。由于本题中为查询输出指定了.dbf文件类型,所以结果仍输出到一个数据表文件中。

30.B。【解析】能够将表单的Visible属性设置为.T.,并使表单成为活动对象的方法是Show。

31.B。【解析】本题中首先通过GROUP BY短语将"课程"表中的记录按"课程编号"分组,然后通过MAX()函数求出每组中的最高成绩,即每门课程的最高成绩。由于查询输出结果涉及到多个表的字段,因此要使用连接查询,表之间的连接条件放在WHERE短语中,AND用来连接两个连接条件,以保证在查询的三个表之间建立联系。

32.B。【解析】利用SQL命令可以对基本表的结构进行修改,利用下列命令可以修改表结构、定义有效性规则:

ALTER TABLE<表名>

ALTER[COLUMN]<字段名1>[NULL|NOT NULL]

[SET DEFAULT<表达式>]

[SET CHECK<逻辑表达式>[ERROR<字符型文本信息>]]

[RENAME COUMN<字段名2>TO<字段名3>]

其中,SET DEFAULT<表达式>可以用来指定字段的默认值。注意:表达式值的类型要与字段类型一致。

33.D。【解析】本题是一个多表连接查询的SQL语句,关键要注意表同连接条件的使用,如果使用超连接方式查询,则正确的语句格式为:

SELECT… …

FROM<数据库表1>INNER JOIN<数据库表2>

ON<连接条件>

WHERE… …

其中,INNER JOIN等价于JOIN,为普通的连接,在Visual FoxPro中称为内部连接,ON<连接条件>指定两个进行连接的条件字段。如果使用的是普通连接方式,则只需在FROM短语中指定查询的数据表,各表各之间用逗号隔开,而各表之间的连接放在WHERE短语后面,设计两个连接条件时,用AND短语连接这两个条件。

34.C。【解析】利用SQL命令可以对基本表的结构进行修改,利用下列命令可以修改表中字段的相关属性:

ALTER TABLEE<表名>

ALTER[COLUMN][<字段名1><字段类型>[(<长度>[,<小数位数>])]

本题中选项A、B、D在修改表字段宽度时,所使用的命令短语都是错误的,属于语法错误。

35.D。【解析】利用SQL命令可以定义直接建立视图,命令格式如下:

CREATE VIEW 视图名 AS;

SELECT 语句

本题中要注意的是在定义视图时,SELECT语句部分不需要用括号括起来,在进行超连接查询时,可使用的SQL命令格式如下:

SELECT……

FROM<数据库表1>INNER JOIN<数据库表2>

ON<连接条件>

WHERE……

其中,INNER JOIN等价于JOIN,为普通的连接,在Visual FoxPro中称为内部连接;ON<连接条件>指定两个进行表连接的条件字段。

注意:连接类型在FROM子句中给出,并不是在WHERE子句中,连接条件在ON子句中给出。

二、填空题

1.格式化模型。【解析】数据模型分为格式化模型与非格式化模型,层次模型与网状模型属于格式化模型。

2.交换排序。【解析】常用的排序方法有交换排序、插入排序和选择排序三种。交换排序包括冒泡排序和快速排序,插入排序包括简单插入排序和希尔排序,选择排序包括直接选择排序和堆排序。

3.模块。【解析】采用模块化原理可以使软件结构清晰,不仅容易设计,也容易阅读和理解。模块化使得软件容易测试和调试,因而有利于提高软件的可靠性,也有利于软件的组织管理。大型程序可由不同的程序员编写不同的模块,还可以进一步分配技术熟练的程序员编写较难的部分。

4.栈顶。【解析】栈是限定在表的一端进行插入和删除操作的线性表。在表中,允许插入和删除的一端叫做"栈顶",不允许插入和删除的一端叫做"栈底"。

5.加工。【解析】数据流图是从数据传递和加工的角度,来刻画数据流从输入到输出的移动变换过程,其中的每一个加工对应一个处理模块。

6.6。【解析】在VFP中AT()函数是用来计算子字符串在父字符串中从第几个位置开始出现的。

7.MessageBox。【解析】以对话框形式显示信息,可以使用命令:

MessageBox(信息文本[,对话框类型][,标题文本])

其中,信息文本是在对话框中显示的信息;对话框类型是三个整数之和,用于指定对话框的样式,包括对话框中的按钮形式及其数目、图标样式以及默认按钮;标题文本为指定对话框标题栏的文本。

< 75 >

8.主关键字或主键。【解析】为了把多对多的联系分解成两个一对多联系所建立的"纽带表"中应包含两个表的主关键字。纽带表不一定需要自己的主关键字,如果需要,应当将它所联系的两个表的主关键字作为组合关键字指定为主关键字。

9.DELETE　　UPDATE。【解析】数据操作是指对已有表进行添加记录、更新记录、删除记录,SQL语言提供了三条数据操作语言:插入记录INSERT、更新记录UPDATE、删除记录DELETE。

10.—1。【解析】MOD函数是求余函数,格式是:MOD(<数值表达式1>,<数值表达式2>),功能是:返回两个数值相除后的余数。前者是被除数,后者是除数。由于被除数与除数异号,则函数值为两数相除的余数再加上除数的值,即2+(—3)=—1。

11.DISTINCT。【解析】SQL语句中,为了避免查询到重复记录,可用DISTINCT短语,但是每一个子句中只能使用一次DISTINCT。

12.Myform1.Hide。【解析】Hide命令用于隐藏表单,该方法将表单的Visible属性设置为.F.。

13.GROUP BY学号。【解析】在实际的应用中,除了简单的计算查询外,还可以添加GROUP BY子句进行分组计算查询。通常,一个计算函数的范围是满足WHERE子句指定条件的所有记录。当添加GROUP BY子句后,系统会将查询结果按指定列分成集合组。当一个计算函数和一个GROUP BY子句一起使用时,计算函数的范围变为每组所有的记录。也就是说,一个结果是由组成一组的每个记录集合产生的。

检索每个学生的成绩总和时,须按学号进行分组计算。

14.字符型。【解析】函数VAL()的格式是:VAL(<字符表达式>),功能是将由数字字符(包括正负号、小数点)组成的字符型数据转换成相应的数值型数据。若字符串内出现非数字字符,那么只转换前面部分;若字符串的首字符不是数字符号,则返回数值0,但忽略前导空格。

 第2套　笔试考试试题答案与解析

一、选择题

1.D。【解析】线性表可以为空表;第一个元素没有直接前驱,最后一个元素没有直接后继;线性表的定义中,元素的排列并没有规定大小顺序。

2.B。【解析】满二叉树指除最后一层外,每一层上所有结点都有两个子结点的二叉树。完全二叉树指除最后一层外,每一层上的结点数均达到最大值,在最后一层上只缺少右边的若干叶子结点的二叉树。由定义可知,满二叉树肯定是完全二叉树,而完全二叉树一般不是满二叉树。

3.C。【解析】对线性表进行顺序查找时,在最坏情况下,要查找的元素是表的最后一个元素或查找失败,这两种情况都需要将这个元素与表中的所有元素进行比较,因此比较次数为n。

4.D。【解析】结构化程序设计的主要原则概括为自顶向下,逐步求精,限制使用GOTO语句。

5.B。【解析】需求分析是软件定义时期的最后一个阶段。可以概括为4个方面:需求获取、需求分析、编写需求规格说明书、需求评审。

6.C。【解析】软件测试的目标是在精心控制的环境下执行程序,以发现程序中的错误,给出程序可靠性的鉴定。软件测试有3个重要特征:测试的挑剔性、完全测试的不可能性及测试的经济性。

7.C。【解析】模块的独立程序是评价设计好坏的重要度量标准。衡量软件的模块独立性使用耦合性和内聚性两个定性的度量标准。

8.C。【解析】软件测试是为了尽可能多地发现程序中的错误,尤其是至今尚未发现的错误。

9.D。【解析】需求分析常用工具有数据流图(DFD)、数据字典(DD)、判定树和判定表。问题分析图(PAD)、程序流程图(PFD)、盒式图(N—S)都是详细设计的常用工具,不是需求分析的工具。

10.D。【解析】模块化是结构化程序设计的特点。面向对象设计方法使用现实世界的概念,抽象地思考问题从而自然地解决问题。它的特点包括:分类性、多态性、封装性、模块独立性、继承和多态性等。

11.D。【解析】货币型常量用来表示货币值,它没有科学记数方法,书写时要在数值前加一个"$"。字符常量也称为字符串,其表示方法是用半角单引号、双引号或方括号把字符串起来(注意符号的匹配),如果某种定界符本身也是字符串内容,则需要用另一种定界符为该字符串定界。逻辑型数据只有真和假两个值。逻辑真的常量表示形式有".t."、".T."、".y."和".Y.",逻辑假的常量表示形式有".f."、".F."、".n."和".N."。

12. B。【解析】在 Visual FoxPro 中字段类型有字符型(C)、数值型(N)、逻辑型(L)、日期型(D)、备注型(M)和通用型。

13. D。【解析】建立普通索引的目的是加快数据库表的查询速度。因此选项 D 正确。

14. A。【解析】求整函数有以下 3 个。

格式 1:INT(<数值表达式>)。INT()返回指定数值表达式的整数部分。

格式 2:CEILING(<数值表达式>)。CEILING()返回大于或等于指定数值表达式的最小整数。

格式 3:FLOOR(<数值表达式>)。FLOOR()返回小于或等于指定数值表达式的最大整数。

15. B。【解析】Click 事件是鼠标单击对象时所引发的;DblClick 事件是鼠标双击对象时所引发的;RightClick 事件是右击对象所引发的;表单及控件中不包含 LeftClick 事件。

16. D。【解析】利用命令建立多个字段索引时,建立索引的字段之间应用"+"号连接,且字段类型要转换为字符型数据,STR()函数的功能是将数值型数据转换为字符型数据。

17. D。【解析】SUBS("奔腾586",5,1)的值是'5',VAL(SUBS("奔腾586",5,1))的值是 5,LEN("Visual FoxPro")的值是 13。在 Visual FoxPro 中一个汉字占两个字符的宽度。

18. D。【解析】GO 命令格式是:GO nRecordNumber|TOP|BOTTOM。其中 nRecordNumber 是记录号,即直接按记录号定位;TOP 是表头,BOTTOM 是表尾。它与 GOTO 命令是等价的。题中 GOTO 2 表示指针指向第二条记录。DISPLAY ALL 是显示全部记录,此时指针指向了最后一条记录。RECNO()函数的功能是返回当前表文件或指定表文件或指定表文件中当前记录的记录号。如果指定工作区上没有打开表文件,函数值为 0。如果记录指针指向文件尾,函数值为表文件中的记录数加 1。如果记录指针指向文件首,函数值为表文件中第一条记录的记录号。由于执行 DISPLAY ALL 命令时,指针指向了文件尾,所以 RECNO()函数值为表文件中的记录数加 1,即 11。

19. D。【解析】使用 SQL SELECT 可以将查询结果排序,排序的短语是 ORDER BY。只显示前几项记录的格式是:TOP nExpr[PERCENT]其中,nExpr 是数字表达式,当不使用[PERCENT]时,nExpr 可以是 1~32767 之间的整数;当使用[PERCENT]时,nExpr 是 0.01 到 99.99 间的实数,说明显示结果中前百分之几的记录。TOP 要与 ORDER BY 一起使用才有效。

20. C。【解析】OCATE 是按条件定位记录位置的命令,常用的命令格式如下:

LOCATE FOR 1Expression 1

其中,1Expressionl 是查询或定位的表达式。

该命令执行后将记录指针定位在满足条件的第 1 条记录上,如果没有满足条件的记录,则指针指向文件结束位置。如果要使指针指向下一条满足 LOCATE 条件的记录,使用 CONTINUE 命令。同样,如果没有记录满足条件,则指针指向文件结束位置。

21. D。【解析】在 Visual FoxPro 中,系统默认的逻辑型字段只占 1 个字节,日期型字段占 8 个字节,备注型和通用型字段占 4 个字节。

22. C。【解析】在程序中用 WITH MyForm.Width=500 ENDWITH 修改表单对象的属性,在程序中再显示该表单,直接用.Show 就可以了,所以本题应该选择 C 选项。

23. A。【解析】复选框用于标记一个两值状态,当处于选中状态时,复选框内显示一个对号,否则复选框内空白。复选框 Caption 属性用来指定显示在复选框旁边的标题;复选框 ControlSource 指明复选框要绑定的数据源。如果没有设置 ControlSource 属性,那么可以通过 Value 属性来设置或返回复选框的状态。

24. A。【解析】普通连接(内部连接)是把符合条件的记录包含到运算结果中,超连接是把不符合条件的记录包含到运算结果中,一般 SQL 的超链接包括左连接"*="和右连接"=*"。

Visual FoxPro 不支持超链接连接运算符,但是有专门的连接运算语法格式。

25. D。【解析】在程序中可以使用"ThisForm.控件名.Caption=字符串"语句设置该控件的 Caption 属性。因此本题中的 D 选项是错误的。

26. C。【解析】进行空值查询时,要使用 IS NULL,而=NULL 是无效的,因为空值不是一个确定的值,所以不能使用"="这样的运算符进行比较。

27. A。【解析】查询就是预先定义好的一个 SQL SELECT 语句,在不同的需要场合可以直接或反复使用,从而提高效率。查询是从指定的表或视图中提取满足条件的记录,然后按得到的输出类型定向输出查询结果,如浏览器、报表、表、标签等。一般设计一个查询总要反复使用,查询是以扩展名为.qbr 的文件单独保存在磁盘上的,这是一个文本文件,它的主体是 SQL SELECT 语句,另外还有和输出定向有关的语句。

28.D。【解析】数据环境就是表单要处理的数据的存放场所,为表单设置数据环境是为了更好地对数据进行处理,数据环境是一个对象,有自己的属性、方法和事件。

29.B。【解析】删除表中的字段、默认值、合法值限定和索引的格式如下:

ALTER TABLE<表名>

DROP[COLUMN]<字段名>:从指定表中删除指定的字段。

DROP DEFAULT:删除默认值。

DROP CHECK:删除该表的合法值限定。

DROP PRIMARY KEY.删除主索引。

DROP UNIQUE TAG<标识名 1>:删除候选索引。

DROP FOREIGN KEY TAG<标识名 2>:删除外索引(外部关键字),取消与父表的关系,SAVE 子句将保存该索引。

30.C。【解析】进行空值运算时,要使用 IS NULL,而=NULL 是无效的,因为空值不是一个确定的值,所以不能使用"="这样的运算符进行比较。

31.C。【解析】本题考查了 SQL 语句的功能。目的是在商品表中按部门号进行分组,分组后从每个组中查询出单价和数量乘积最大的记录。

32.C。【解析】本题考查了 SQL 语句的功能。ORDER BY 短语可以对查询结果排序(DESC 降序排列),GROUP BY 短语用来分组记录,HAVING 语句在 GROUP BY 短语后对结果进行筛选。本题 SQL 语句的作用是,在商品表中查询那些提供的商品单价大于 200 元,并且提供两种以上商品的地方,并按提供的商品种类数降序排列。

33.B。【解析】本题 SQL 语句的作用是从部门表中选取部门号、部门名称、单价与数量的乘积,查询的同时满足部门号字段和商品表中的部门号字段相等。GROUP BY 后的分组字段是部门号,所以此题查询的结果是各个部门商品金额的总和。

34.A。【解析】本题 SQL 语句的功能是从部门表、商品表中选取部门号、部门名称、商品号、商品名称和单价字段,查询的同时满足部门表的部门号字段和商品表中的部门号相等,同时按部门号降序排列,单价字段作为排序的次关键字。

35.A。【解析】本题考查的是 SQL 语句嵌套查询。该过程的执行顺序是先里后外,首先在内层查询中查找哪个部门的商品单价在 420 元和 1000 元之间,并检索出字段号,然后在外层查询中,从部门表找出相对应的部门名称。

二、填空题

1.共享性。【解析】数据库系统中的数据能被不同的应用程序使用,实现了数据的高度共享,从而降低了数据的冗余,这也是数据库的主要目的。

2.完整性控制。【解析】安全性控制:防止未经授权的用户有意或无意存取数据库中的数据,以免数据被泄露、更改或破坏;完整性控制:保证数据库中数据及语义的正确性和有效性,防止任何对数据造成错误的操作;并发性控制:正确处理好多用户、多任务环境下的并发操作,防止错误发生;数据的恢复:当数据库被破坏或数据不正确时,使数据库能恢复到正确的状态。

3.软件开发。【解析】软件生命周期分为 3 个时期共 8 个阶段:软件定义期(问题定义、可行性研究和需求分析)、软件开发期(系统设计、详细设计、编码和测试)、软件维护期(即运行维护阶段)。

4.驱动模块。【解析】在进行模块测试时,会将每个模块设计成承接模块和驱动模块,其中驱动模块的作用是显示被测试模块的结果。

5.叶子结点。【解析】树中度为零的结点称为叶子结点,它没有后继结点。

6.域 。【解析】域完整性指的是对表中字段的取值的限定,如对于数值型数据,可以通过指定字段的宽度来限定其取值范围,同时也可以通过用一些域约束规则来进一步保证域的完整性。域约束性规则也称字段有效性规则,在插入或修改字段值时起作用,主要用于数据输入正确性检验。

7.SCT。【解析】在将设计好的表单存盘时,系统将生成扩展名分别是 SCX 和 SCT 的两个文件。表单文件的扩展名是 SCX,表单备注文件的扩展名是 SCT。

8.INIT。【解析】事件是由系统预定义而由用户或系统发出的动作。在 Visual FoxPro 中,基类的最小事件集包含 INIT、ERROR、DESTROY 三个事件。LOAD 事件在表单对象建立之前引发,即运行表单时引发。

9.0。【解析】函数 AT()的格式是:ALL(<字符表达式 1>,<字符表达式 2>[,<数值表达式>]),功能是:如果<字

符表达式 1＞是＜字符表达式 2＞的子串,则返回＜字符表达式 1＞值的首字符在＜字符表达式 2＞中的位置;若不是子串,则返回 0。函数值为数值型。

题中＜字符表达式 1＞为"a＋b＝c",＜字符表达式 2＞为"＋",很明显＜字符表达式 1＞不是＜字符表达式 2＞的子串,所以返回 0。

10..T. 或.t.。【解析】函数 BETWEEN()是值域测试函数,其格式是:BETWEEN(＜表达式 T＞,＜表达式 L＞,＜表达式 H＞),功能是判断第一个表达式的值是否介于另外两个值之间,如果在两者之间就返回逻辑真的值。如果后两个表达式中有一个是 NULL 值,那么函数值也是 NULL 值。

11.实体。【解析】实体完整性是保证关系中的元组是唯一的及关系中不允许有重复的元组。为了保证实体完整性,关系模型中以主关键字或候选关键字作为唯一标识,主关键字中属性不能取重复值和空值。

12.INTO TABLE(或 INTO DBF)。【解析】在 SQL 语句中,查询结果可以保存到数组中,也可以保存到临时文件、永久性表等文件中,使用短语 INTO DBF|TABLE TableName 可以将查询结果存放到永久表中(dbf 文件)。

13.TOP。【解析】在 SQL 语句中,显示满足条件的几项记录的关键字是 TOP,排序短语是 ORDER BY,且 TOP 短语要与 ORDER BY 短语同时使用才有效。

14.课程号。【解析】在实际的应用中,除了简单的计算查询外,我们还可以加上 GROUP BY 子句进行分组计算查询。

通常,一个计算函数的范围是满足 WHERE 子句指定条件的所有记录。当加上 GROUP BY 子句后,系统会将查询结果按指定列分成集合组。当一个计算函数和一个 GROUP BY 子句一起使用时,计算函数的范围变为每组所有的记录。也就是说,一个结果是由组成一组的每个记录集合产生的。本题中利用 SQL 分组统计的功能,统计选课表中每门课程的学生人数,分组依据为课程号。

15.编辑。【解析】要编辑容器中的对象,必须首先激活容器。激活容器的方法是:右击容器,在弹出的快捷菜单中选定编辑命令。

 第 3 套　笔试考试试题答案与解析

1.D。【解析】数据的存储结构是指数据结构(数据的逻辑结构)在计算机中的表示,又称物理结构。数据的存储结构主要有两种:顺序存储结构和链式存储结构。

2.D。【解析】冒泡排序法首先将第一个记录的关键字与第二个记录的关键字进行比较,若逆序则交换,然后比较第二个与第三个,以此类推,直至第 n－1 个与第 n 个记录的关键字进行比较。在最坏情况下,冒泡排序中,若初始序列为"逆序"序列,需要比较 n(n－1)/2 次。快速排序是对通过一次排序将待排记录分割成独立的两部分,其中一部分记录的关键字比另一部分记录的关键字小,然后分别对这两部分记录继续进行排序,最终达到整个记录有序。最坏情况下比较次数为 n(n－1)/2。

3.C。【解析】栈是只允许在表的一端进行插入和删除的操作,队列是允许在表的一端进行插入,另一端进行删除的操作。

4.D。【解析】二叉树的中序遍历是指先访问左子树,再访问根结点,最后访问右子树;当访问下级左右子树时,也对照此原则。所以 D 选项正确。

5. A。【解析】"清晰第一,效率第二",在考虑到程序的执行效率的同时,一定要保证程序清晰、可读;对符号名的命名,除了要符合语法要求外,还要具有一定的含义;程序的注释可以帮助程序员理解程序,不是可有可无的。

6.C。【解析】面向对象的程序设计是用对象模拟问题领域中的实体,各对象之间相对独立,相互依赖性小,通过消息来实现对象之间的相互联系。

7.D。【解析】数据耦合由于限制了只通过参数表传递数据,所以按数据耦合开发的程序界面简单、安全、可靠。数据耦合是松散的耦合,模块之间的独立性强。

8.D。【解析】数据独立性是数据库系统的一个最重要的目标之一,它使数据能独立于应用程序。数据独立性包括数据的物理独立性和数据的逻辑独立性。物理独立性是指用户的应用程序与存储在磁盘上的数据库中的数据是相互独立的。即数据在磁盘上怎样存储由 DBMS 管理,用户程序不需要了解,应用程序要处理的只是数据的逻辑结构,这样当数据的物理存储改变时,应用程序不用改变。逻辑独立性是指用户的应用程序与数据库的逻辑结构是相互独立的,即当数据的逻辑结构改变时,用户程序也可以不变。

9.C。**【解析】**软件工程是指将工程化的思想应用于软件的开发、应用和维护的过程,包括软件开发技术和软件工程管理。

10.A。**【解析】**关系的并运算是指由结构相同的两个关系合并,形成一个新的关系,其中包含两个关系中的所有元组。

11.A。**【解析】**本题考查了 VF 系统对逻辑型、通用型、日期型字段宽度的规定。在 Visual FoxPro 系统的表结构设计中,系统自动给某些字段指定宽度。其中日期型字段的宽度为8,通用和备注型字段的宽度为4,逻辑型字段的宽度为1。

12.D。**【解析】**在关系数据库管理系统中,关系是指符合一定条件的二维表,把数据看成是二维表中的元素,一个二维表就是一个关系,表名就是关系名。

13.A。**【解析】**取子串的函数有以下3个。

格式1:LEFT(<字符表达式>,<长度>)LEFT(),指定表达式值的左端取一个指定长度的子串作为函数值。

格式2:RIGHT(<字符表达式>,<长度>)RIGHT()从指定表达式值的右端取一个指定长度的子串作为函数值。

格式3:SUBSTR(<字符表达式>,<起始位置>f,<长度>1)SUBSTR()从指定表达式值的指定起始位置取指定长度的子串作为函数值。

在 SUBSTR() 函数中,若默认第3个自变量<长度>,则函数从指定位置一直取到最后一个字符。

由于一个汉字占用两个字符,再根据函数的功能,选项 A 的结果是"考试",选项 B 的结果是"机",选项 C 的结果是"试",选项 D 的结果是"计算"。

14.C。**【解析】**INT() 函数的功能是返回指定数值表达的整数部分。MOD() 函数的功能是返回两个数值相除后的余数。现在假设 Y=16,则 INT(Y/8)=2,Y/8=2,MOD(Y,8)=0,MOD(8,8)=0。因为 INT(Y/8)=2,MOD(Y,8)=0,所以错误的条件表达式为选项 C。

15.B。**【解析】**结构复合压缩索引文件具有如下特性:在打开表时是自动打开;在同一索引文件中能包含多个索引方案,或索引关键字;在添加、更改或删除记录时,自动维护索引。

16.B。**【解析】**STP() 函数是将数值转换成字符串,其格式是:STR(<数值表达式>,[<长度>,[<小数位数>]]),功能是将数值表达式的值转换成字符串,转换时根据需要自动四舍五入。返回字符串的理想长度 L 是数据表达式的整数部分位数与小数部分位数加上1位小数点。本题中函数 STR(123.45,5,1) 即长度为5,小数位数为1,所以函数的输出结果是123.5。

17.D。**【解析】**RIGHT / LEFT(<长度字符表达式>,<数值表达式>),LEFT 从<字符表达式>左边截取由<数值表达式>的值指定长度的字符,生成一个新的字符串。RIGHT 从<字符表达式>右边截取由<数值表达式>的值指定长度的字符,生成一个新的字符串。AT 函数是确定前面的字符串在后面字符串中的位置。一个汉字相当于两个西文字符,因此 RIGHT(a,2) 的结果是"好",由此可知正确答案为选项 D。

18.C。**【解析】**SQL 中的索引是隐式索引。在 SQL 的基本表中用索引机制来弥补没有关键码的概念,索引属于物理存储的路径概念。

19.D。**【解析】**指定工作区的命令是:SELECT nWorkArea|cFableAlias 其中,参数 nWorkArea 是一个大于等于0的数字,用于指定工作区号,最小的工作区号是1,最大的工作区号是 32767,如果这里指定为0,则选择编号最小的可用工作区(即尚未使用的工作区);如果在某个工作区中已经打开了表,若要回到该工作区操作该表,可以使用参数 cTableAlias,该参数是已经打开的表名或表的别名。

20.B。**【解析】**接收参数的命令有:PARAMTERS 和 LPARAMTERS,PARAMTERS 命令声明的形参变量被看做是模块程序中建立的私有变量,LPARAMTERS 命令声明的形参变量被看做是模块程序中建立的局部变量。不管哪种命令,都应该有模块程序的第一条可执行命令,而传送参数和接收参数排列顺序和数据类型必须一一对应,传送参数的语句 DO—WITH 和接收参数的语句 PARSMETERS 必须搭配成对使用。

21.C。**【解析】**所谓自由表,就是不属于任何数据库的表,所有由 FoxBASE 或早期版本的 FoxPro 创建的数据库文件(.dbf)都是自由表。在 Visual FoxPro 中创建表时,如果当前没有打开数据库,则创建的表也是自由表。可以将自由表添加到数据库中,使之成为数据库表;也可以将数据库表从数据库中移出,使之成为自由表。

22.C。**【解析】**在数据表中找出满足某种条件的记录时,需要使用 WHERE 短语。在 SQL SELECT 语句中没有 FOR、WHILE、CONDITION。

23.C。**【解析】**INDEX 命令可以为数据表建立候选索引、索引和普通索引,其基本格式包括:INDEX ON<索引表达式>TO<索引文件名>|TAG<标记名>[OF<索引文件名>][UNIQUT|CANDIDATE]。其中,TO<索引文件名>用

来建立单索引文件;TAG<标记名>用来建立结构复合索引文件;OF<索引文件名>用来建立非结构复合索引文件;UNIQUT 说明建立唯一索引;CANDIDATE 说明建立候选索引。

24. C 。【解析】查询设计器界面共有字段、连接、筛选、排序依据、分组依据和杂项等6个选项卡,连接对应于 JOIN ON 短语,用于编辑连接条件;筛选对应于 WHERE 短语,用于指定查询条件;排序依据对应于 ORDER BY 短语,用于指定排序的字段和排序方法;分组依据选项卡对应于 GROUP BY 和 HAVING 短语,用于分组。

25. B 。【解析】Form 属于容器类控件;Text 是文本框;Label 是一个标签;Commandbutton 是命令按钮。

26. C 。【解析】在 Visual FoxPro 中,利用数据环境,将字段拖到表单中,默认情况下,字符型字段产生文本框控件,逻辑型字段产生复选框,备注型字段产生编辑框控件,表或视图则产生表格控件。

27. C 。【解析】FOR－ENDFOR 语句的格式:

FOR<循环变量>＝<初值>TO<终值>[STEP<步长>]

<循环体>

ENDFOR|NEXT

执行该语句时,首先将初值赋给循环变量,然后判断循环条件是否成立(若步长为正值,循环条件为<循环变量><＝<终值>;若步长为负值,循环条件为<循环变量>>＝<终值>)。若循环条件成立,则执行循环体,然后循环变量增加一个步长值,并再次判断循环条件是否成立,以确定是否再次执行循环体。若循环条件不成立,则结束该循环语句,执行 END-FOR 后面的语句。

根据题意,首先将初值2赋给循环变量 X,因为 x<＝10,循环条件成立,执行循环体 S＝S+X 后,S＝2,然后循环变量 X 增加一个步长值2,此时 X＝4,再次判断循环条件是否成立,以此类推,最后 S 的值为30,即选项 C。

28. C 。【解析】在 Visual FoxPro 中,Patent 表示当前对象的直接容器对象,Thisform 表示当前对象所在的表单;This 表示当前对象;Thisformset 表示当前对象所在的表单集。

29. C 。【解析】掌握基本的 SQL 查询语句中,各个短语的含义。TOP 短语用来显示查询结果的部分记录,不能单独使用,必须与排序短语 ORDER BY 一起使用才有效。

30. C 。【解析】DELETE 短语是 SQL 的数据操作功能,用来逻辑删除表中符合条件的记录,通过 WHERE 短语指定删除条件。DELETE 删除功能与表操作删除记录功能一样,都只能逻辑删除表中记录,要物理删除,同样需要使用 PACK 命令。

31. C 。【解析】进行 SQL 计算查询时,还可以加上 GROUP BY 子句进行分组计算查询。

通常,一个计算函数的范围是满足 WHERE 子句指定条件的所有记录。当加上 GROUP BY 子句后,系统会将查询结果按指定列分成集合组。当一个计算函数和一个 GROUP BY 子句一起使用时,计算函数的范围变为每组所有的记录。

本题通过 GROUP BY 短语将记录按"班级号"分组,然后通过 MIN()函数求每个班级中工资最少的教师信息。不难看出"教师"表中共有4个不同的班级号,就相当于对4组记录进行计算求每组中的最小工资,因此,最后得到的结果也有4条记录。

32. B 。【解析】在 SQL 查询中,可以通过 ORDER BY 短语对查询的结果进行排序,利用 ASC 或 DESC 短语指定排序方式,其中 ASC 表示按升序排序,此为默认排序方式,DESC 短语表示按降序方式排序。

本题中 SQL 语句的功能是检索"教师"表中教师的"班级号"、"姓名"和"工资"的信息,查询结果首先按"班级号"字段升序排序,再按"工资"字段降序排序。

33. B 。【解析】本题 SQL 语句的功能是通过 GROUP BY 短语按"班级号"对记录进行分组;然后通过 SUM()函数求每个班的教师工资的总和;最后输出结果包括"班级"表中的"班级名"和每个班的工资总和字段。两个表进行连接的字段为"班级号",在 WHERE 条件中指出。

34. D 。【解析】本题 SQL 语句的功能是查询"班级"表和"教师"表中的记录(两表的连接字段为"班级号",在 WHERE 短语中指定),首先根据 WHERE 短语中的筛选条件,查找"职称"为"讲师"的记录;然后通过 GROUP BY 短语按"班级号"对查询的记录进行分组,接着通过 COUNT()函数统计每个班级中的"讲师"人数是多少;最后将查询结果按输出字段的第2个字段升序排序,即按"人数"升序排序。

35. A 。【解析】本题 SQL 查询语句首先通过内层查询语句"SELECT MAX(工资)FROM 教师"检索教师表中的最高工资;然后外层查询中检索教师表中的工资字段值,查询的筛选条件为"工资"等于内循环中的最高工资数,通过 DISTINCT 短语去掉查询结果中的重复值;最后将结果输出到数据表 Result 中。其中,INTO TABLE 短语表示将表输出到指定的数据表中,该表是一个自由表。

二、填空题

1.类。【解析】在面向对象的方法中,把具有相似属性和方法的对象称为类。类是对象的抽象。

2.关系。【解析】这是关系数据库关于表与关系的概念,在关系数据库中,把数据表示成二维表,每一个二维表称为关系。

3.软件开发。【解析】软件工程包括软件开发技术和软件工程管理。其中软件开发技术包括:软件开发方法学、开发过程、开发工具和软件工具环境,其主体内容是软件开发方法学;软件工程管理包括:软件管理学、软件工程经济学、软件心理学等内容。

4.外模式。【解析】数据库系统的三级模式分别是内模式、概念模式和外模式。其中,物理模式给出了数据库的物理存储结构和存取方法;概念模式是数据库系统中全局数据逻辑结构的描述;外模式是用户的数据视图,也就是用户所见到的数据模式。

5.交换排序。【解析】所谓排序是指将一个无序序列整理成按值非递减顺序排列成的有序序列,常用的排序方法有交换排序、插入排序和选择排序。其中交换排序包括冒泡排序和快速排序,插入排序包括简单插入排序和希尔排序,选择排序包括直接选择排序和堆排序。

6.主;普通。【解析】建立两个表之间的联系,父表的索引必须为主索引,而子表的索引必须为普通索引,并且它们的字段类型要一致。

7.BackColor。【解析】表单的 BackColor 可以指明表单窗口的颜色,默认值为 212,208,200(灰色)。

8.ShowWindow。【解析】ShowWindow 属性用来设置表单的显示方式,共有 3 种形式:0—在屏幕中,此为默认方式;1—在顶层表单中;2—作为顶层表单。

9.FALSE。【解析】函数 SPACE( )的格式是:SPACE(<数值表达式>),功能是返回指定数目的空格组成的字符串。函数 LEN( )的格式是:LEN(<字符表达式>),功能是返回指定字符表达式值的长度,函数值为数值型,所以 LEN(SPACE(4))的值为 4。函数 IIF( )的格式是:IIF(<逻辑表达式>,<表达式1>,<表达式2>)功能是测试逻辑表达式的值是否为真,如果为真则返回表达式 1 的值,反之返回表达式 2 的值。可知本题的返回值为 FALSE。

10.UPDATE。【解析】SQL 数据操作功能有插入(INSERT)、更新(UPDATE)和删除(DELETE)三种,如果要修改表中数据,可用更新来进行修改。

11.DISTINCT。【解析】在 SQL 语句中,为了避免查询到重复记录,可用 DISTINCT 短语,但是每一个子句中只能使用一次 DISTINCT。

12.GROUP BY 学号。【解析】在实际的应用中,除了简单的计算查询外,我们还可以加上 GROUP BY 子句进行分组计算查询。通常,一个计算函数的范围是满足 WHERE 子句指定条件的所有记录。当加上 GROUP BY 子句后,系统会将查询结果按指定列分成集合组。当一个计算函数和一个 GROUP BY 子句一起使用时,计算函数的范围变为每组所有的记录。也就是说,一个结果是由组成一组的每个记录集合产生的。

检索每个学生的成绩总和时,需按学号进行分组计算。

13.Refresh。【解析】重新绘制表单或控件,并刷新它的所有值,应调用 Refresh 方法。当表单被刷新时,表单上所有控件也被刷新;当页框被刷新时,只有活动页被刷新。

14.Caption。【解析】用当前窗体的 LABEL1 控件显示系统时间的语句是:

ThisForm. Label1. Caption=TIME( )

第4套　笔试考试试题答案与解析

一、选择题

1.D。【解析】计算机系统由硬件和软件两部分组成。其中,计算机软件包括程序、数据与相关文档的完整集合。

2.B。【解析】软件调试的任务是诊断和改正程序中的错误。

3.C。【解析】对象的封装性是指从外部看只能看到对象的外部特征,即只需知道数据的取值范围和可以对该数据施加的操作,而不需要知道数据的具体结构以及实现操作的算法。

4.A。【解析】程序设计风格应该是简单和清晰,程序必须是可以理解的。可以概括为"清晰第一,效率第二"。

5. A。【解析】数据的存储结构、程序处理的数据量、程序的算法等都会影响程序执行效率。

6. D。【解析】数据的逻辑结构是指反映数据元素之间逻辑关系的数据结构,其结构可能是一对一、一对多或者对多。数据的存储结构可能是线性的,也可能是非线性的。数组描述的是一组具有相同属性的元素,但它们的存储结构可能是线性的,也可能是非线性的,所以答案选 D。

7. C。【解析】对 n 个结点的线性表采用冒泡排序,在最坏情况下,需要经过 n/2 次的从前往后的扫描和 n/2 次的从后往前的扫描,需要的比较次数为 n(n-1)/2。

8. A。【解析】在任意一棵二叉树中,设度为 0 的结点(即叶子结点)数为 n_0,度为 2 的结点数为 n_2,则有 $n_0 = n_2 + 1$,本题中叶子结点的个数 70,所以度为 2 的结点个数为 69,故总结点数=叶子结点数+度为 1 的结点数+度为 2 的结点数,即 70+80+69=219。

9. B。【解析】数据库、数据库管理系统、数据库管理员、硬件平台、软件平台这 5 部分共同构成了一个以数据库为核心的完整的运行实体,称为数据库系统。数据库技术的根本目的是要解决数据的共享问题。数据库管理系统是一种系统软件,负责数据库中的数据组织、数据操作、数据维护、控制及保护和数据服务等,是数据库系统的核心,它是数据库系统的一部分,二者不能等同。

10. A。【解析】本题考查关系的基础知识,在建立关系之前,必须构造两个表之间的逻辑关系,通过逻辑关系才能建立关系。

11. B。【解析】Visual FoxPro 中创建和修改应用系统各种组件的可视化工具是设计器。

12. A。【解析】VARTYPE(<表达式>)函数用于测试<表达式>的类型,其返回值为一个大写字母。TIME() 函数是一个时间函数,以 24 小时制的 hh:mm:ss 格式返回当前系统时间,函数值为字符型。在 Visual FoxPro 中,字母 C 表示字符型数据。

13. D。【解析】LEN() 函数返回指定字符表达式所包含的字节数;SPACE() 函数返回指定个数的空格字符组成的字符串。字符表达式中的"-"表示连接前后两个字符串,并将前一字符串尾部的空格移到合并后的新字符串尾部。因此 LEN() 函数返回的 SPACE(2)-SPACE(3) 运算后的长度是 5。

14. C。【解析】.mnx 是菜单定义文件的默认扩展名;.mnt 是菜单备注文件的默认扩展名;.prg 是执行程序文件的默认扩展名。

15. A。【解析】Visual FoxPro 中 SET CENTURY 命令用于设置显示日期型数据时是否显示世纪。其命令格式是:SET CENTURY ON|OFF|(TO[<世纪值>][ROLLOVER<年份参照值>])。其中,ON 为 4 位数年份;OFF 为 2 位数年份;TO 选项确定用 2 位数字表示年份所处的世纪。

16. A。【解析】INDEX 命令用于建立索引,命令格式是:INDEX ON Expression TO indexfilename|TAG tagname|OF cdxfilemane[FOR expression][COMPACT]

[ASCENDING|DESCENDING][UNIQUE|CANDIDATE][ADDITIVE]

本题建立的是职称和性别的复合索引,所以 A 选项正确。

17. A。【解析】Visual FoxPro 中 UnLoad 事件在释放表单时被触发。

18. A。【解析】在 Visual FoxPro 中用 SELECT 指定工作区,工作区号是 1~32767。如果工作区号为 0,表示选择编号最小的可用工作区,即尚未使用的工作区。

19. B。【解析】Visual FoxPro 中的数据库表和自由表都可以通过表设计器来建立,并且可以相互转化。但自由表中不能建立参照完整性、有效性规则、主索引等。

20. C。【解析】使用 ZAP 命令可以一次性物理删除表中的全部记录,而不管是否有删除标记。需要注意的是,该命令仅删除表记录,但仍然保留表结构。

21. B。【解析】视图可以进行查询和更新,所以在视图设计器中增加了一个"更新条件"选项卡。

22. D。【解析】在查询设计器的"杂项"选项卡中可以指定查询结果中是否包含重复记录(对应于 DISTINCT)及显示前面的部分记录(对应于 TOP 短句)等。

23. C。【解析】Visual FoxPro 中执行 RETURN 语句后,结束当前程序的执行,返回到调用它的上级程序,若无上级程序则返回到命令窗口。

24. A。【解析】字段的有效性规则主要用于数据输入正确性检验,其结果为符合或不符合两种情况,所以字段的有效性规则是逻辑表达式。

25.B.【解析】题中的<日期>-<日期>型表达式表示两个指定日期相差的天数,其结果为一个数值型数据。

26.B.【解析】在 SQL SELECT 语句中使用短语 INTO CURSOR 可以将查询结果存放在临时表文件中。

27.C.【解析】题中 A 项表示当前对象,B 项表示当前对象所在的表单,C 项表示控件的标题属性,D 项表示鼠标左键单击对象时触发的事件。

28.A.【解析】题中程序的功能是将一个整数中的各位数字从个位数开始累加。每次循环中将个位数累加后,将该位从整数中删除,这样原来十位上的数字就成为个位数。

29.D.【解析】CREATE 表示创建一个新的对象;APPEND 用来向表中追加记录,不是 SQL 命令;在 SQL 的 ALTER TABLE 语句中,可以使用 ADD[COLUMN]来增加一个新的字段,方括号里的内容可以省略。

30.A.【解析】用 AND 进行连接,使查询日期和性别同时满足给定条件,表达式是:出生日期>={^1982-03-20}AND 性别="男"。

31.D.【解析】题中以"学生.学号=选课.学号"为连接条件,以"姓名="刘明""为筛选记录的条件,同时用 AND 进行连接,并用 AVG()函数求得指定字段的平均值。

32.B.【解析】先用 SQL SELECT 中的 GROUP BY 把不同专业的学生进行分组,然后再利用 AVG()函数计算平均分。

33.D.【解析】本题采用嵌套查询。其中,ALL 表示所有的结果。

34.A.【解析】SQL 插入记录的语句格式如下:INSERT INTO<表名>[(字段名1[,字段名2,...])]VALUES(表达式1[,表达式2,...])。

35.B.【解析】SQL 的数据更新命令格式是:UPDATE<表名>SET 列名1=表达式1[,字段名2=表达式2...][WHERE<条件表达式>]。WHERE 子句用于更新满足条件的一些记录的字段值。

二、填空题

1.无歧义性。【解析】软件需求规格说明书是需求分析阶段的最后成果,其最重要的特性是无歧义性,即需要规格说明书应该是精确的、无二义的。

2.白盒或白箱。【解析】白盒测试的基本原则是:保证所测模块中每一个独立路径至少执行一次;保证所测模块所有判断的每一个分支至少执行一次;保证所测模块每一条循环都在边界条件和一般条件下至少各执行一次;验证所有内部数据结构的有效性。

3.顺序。【解析】所谓循环队列,就是将队列存储空间的最后一个位置绕到第一个位置,形成逻辑上的环状空间,供队列循环使用。它通常采用顺序存储结构。

4.ACBDFEHGP。【解析】中序遍历是指在遍历过程中,首先遍历左子树,然后访问根结点,最后遍历右子树。在遍历左、右子树时,仍然按照这样的顺序遍历。

5.实体。【解析】在 E-R 图中,矩形表示实体,椭圆形表示属性,菱形表示联系。

6.IS NULL。【解析】在 SQL 语句中,NULL 表示空值,查询空值时使用"IS NULL"。

7.GROUP BY。【解析】HAVING 用于限定分组必须满足的条件,必须跟随 GROUP BY 使用。

8.DISTINCT。【解析】DISTINCT 可以指定查询结果中是否包含重复记录。

9.MODIFY STRUCTURE。【解析】在 Visual FoxPro 中的非 SQL 命令 MODIFY STRUCTURE 可以用来打开表设计,并在设计器中修改表结构。

10.Load。【解析】由于 Load 在表单建立之前触发,因此在运行表单时最先触发的表单事件是 Load 事件。

11..T.。【解析】Visual FoxPro 中的 LOCATE 命令按顺序搜索表,从而找到满足指定逻辑表达式的第一个记录。函数 FOUND()用于判断 LOCATE 命令是否找到了满足条件的记录,如果有满足条件的记录则该函数返回真,否则返回假。EOF()函数用来判断记录指针是否指向表末尾,当 LOCATE 函数没有找到满足条件的记录时,记录指针指向表末尾,其函数值为真(.T.)。

12.Click。【解析】当用户单击命令按钮时,会触发该按钮的左键单击事件 Click。

13.1。【解析】选项组控件的 Value 属性值默认为数值型,其值为 n 时,表示命令组中第 n 个命令按钮被选中;也可以是字符型,其值为 c 时,表示命令组中 Caption 属性值为 c 的命令按钮被选中。

14.Value。【解析】复选框的 Value 属性用来指明复选框的当前状态,未选中用 0 或.F.表示,被选中用 1 或.T.表示,不确定用 2 或 NULL 表示。

15.UPDATE。【解析】SQL 的数据操作功能包括插入数据(INSERT)、删除数据(DELETE)和更新数据(UPDATE)。

第5套　笔试考试试题答案与解析

一、选择题

1.C。【解析】程序流程图中,带箭头的线段表示控制流,矩形表示加工步骤,菱形表示逻辑条件。

2.A。【解析】结构化程序设计方法的主要原则可以概括为:自顶向下,逐步求精,模块化和限制使用 GOTO 语句。

3.B。【解析】在结构化程序设计中,模块划分应遵循高内聚、低耦合的原则。其中,内聚性是对一个模块内部各个元素间彼此结合的紧密程度的度量,耦合性是对模块间互相连接的紧密程度的度量。

4.B。【解析】需求分析的最终结果是生成软件需求规格说明书。

5.A。【解析】算法的有穷性是指算法必须能在有限的时间内做完,即算法必须能在执行有限个步骤之后终止。

6.D。【解析】各种排序方法中最坏情况下需要比较的次数见下表:

冒泡排序	n(n−1)/2
快速排序	n(n−1)/2
简单插入排序	n(n−1)/2
希尔排序	$O(n^{1.5})$
简单选择排序	n(n−1)/2
堆排序	$O(n\log_2 n)$

7.B。【解析】栈是限定在一端进行插入和删除的"先进后出"的线性表,其中允许进行插入和删除元素的一端称为栈顶。

8.C。【解析】数据库的设计阶段包括需求分析、概念设计、逻辑设计和物理设计,其中将 E-R 图转换成关系数据模型的过程属于逻辑设计阶段。

9.D。【解析】关系 R 与 S 经交运算后所得到的关系由那些既在 R 内又在 S 内的有序组所组成,记为 R∩S。

10.C。【解析】关键字是指其值能够唯一地标识一个元组的属性或属性的组合,题中 SC 中学号和课号的组合可以对元组进行唯一标识,因此它为表 SC 的关键字。

11.D。【解析】.mnx 是菜单文件的扩展名。

12.D。【解析】LEFT()表示从给定字符串的左端取指定长度的子串,RIGHT()函数是从给定字符串的右侧取指定长度的子串,另外,需要注意的是一个汉字在计算机中占两个字节。

13.B。【解析】本题中,变量 X 的值是一个日期时间型数据,用大写字母 T 表示;变量 Y 的值是一个逻辑型数据,用大写字母 L 表示;变量 M 的值是一个货币型数据,用大写字母 Y 表示;变量 N 的值是一个数值型数据,用大写字母 N 表示;变量 Z 的值是一个字符型数据,用大写字母 C 表示。

14.C。【解析】用 == 比较两个字符串,当两个字符串完全相同时,运算结果是逻辑真.T.。用=比较两个字符串时,运算结果与 SET EXACT ON|OFF 的设置有关:ON 先在较短的字符串的尾部加上若干个空格,使两个字符串的长度相等,然后进行精确比较;当处于 OFF 状态时,只要右边字符串与左边字符串的前面部分内容相匹配,即可得到逻辑真.T.。所以本题运行结果为 three。

15.D。【解析】当内存变量和字段变量同名时,必须在要访问的内存变量的变量名前加前缀 M.(或 M->)。

16.B。【解析】CHANGE 不能对表中数据进行修改。

17.B。【解析】MODIFY STRUCTURE 的作用是打开表结构设计器,修改表结构。

18.A。【解析】运行查询文件的格式为:DO<查询文件>.qpr,若去掉扩展名.qpr 表示运行程序文件。

19.B。【解析】建立视图文件的命令格式为:CREATE VIEW<视图文件名>。删除视图文件的命令格式是:DROP VIEW<视图文件名>。

20.A。【解析】在 SQL 语句中用 WHERE 表示条件,按金额的降序进行排序用 DESC。

21.C。【解析】在 SQL 语句中删除表中记录的命令的基本格式为:DELETE FROM<表名>WHERE<条件>。

22.B。【解析】Init 和 Destroy 属于事件,Caption 是属性,Release 是方法。

23.A。【解析】Autocenter 指定表单在初始化时是否自动在 Visual FoxPro 主窗口内居中显示,AlwaysOnTop 指定表单是否总是位于其他打开窗口之上。

24.C。【解析】NAME 子句用于在系统中建立指定名字的变量,并使它指向表单对象。而 LINKED 关键字表示表单对象将随指向它的变量的清除而关闭。

25.B。【解析】在选项按钮组中,如果设置了选项按钮组的 Click 事件,而没有设置选项按钮的 Click 事件,当单击选项按钮时,会执行选项按钮组的 Click 事件。

26.C。【解析】两个参数都是按值传递的,形参值的改变不会影响实参的值。

27.D。【解析】程序的功能是从个位起依次读取各位上的数并求和,最终的结果为 15。

28.B。【解析】子串替换函数 stuff(<字符表达式 1>,<起始位置>,<长度>,<字符串表达式 2>)的含义如下:用<字符串表达式 2>值替换<字符表达式 1>中由<起始位置>和<长度>指明的一个子串。

29.A。【解析】参照完整性的更新规则包括"级联"、"限制"和"忽略"。"级联"表示更新父表的连接字段值时,用新的连接字段值自动修改子表中的所有相关记录。

30.C。【解析】查询结果的输出去向有浏览、临时表、表、图形、屏幕、报表和标签。

31.C。【解析】在表单中对对象的引用顺序依次为表单(myForm)、页框(myPageFrame)、页码(Page3)、标题(Caption)。

32.D。【解析】项目管理器的"数据"选项卡包括数据库、自由表和查询。

33.C。【解析】SQL 语句在表中增加字段的命令格式为:ALTER TABLE<表名>ADD<字段名>。

34.D。【解析】SQL 语句中更新表的字段值的命令格式为:UPDATE<表名>SET<字段名>…。

35.A。【解析】本题选项 B 中,应使用 WHERE;选项 C 和 D 中,MAX()函数使用错误。

二、填空题

1.输出。【解析】测试用例由输入值集和与之对应的输出值集两部分组成。

2.16。【解析】深度为 K 的满二叉树的叶子结点的数目为 2^{K-1}。

3.24。【解析】在循环队列中,头指针指向的是队头元素的前一个位置,根据题意从第 6 个位置开始有数据元素,所以队列中的数据元素的个数为 29-5=24。

4.关系。【解析】在关系数据库中,用关系来表示实体之间的联系。

5.数据定义语言。【解析】在数据库管理系统提供的数据定义语言、数据操纵语言和数据控制语言中,数据定义语言负责数据的模式定义与数据的物理存取构建。

6.不能。【解析】在基本表中,字段名不能重复,即不能有相同的元组。

7.DISTINCT。【解析】在 SQL 语句中,用 DISTINCT 来去除重复项。

8.LIKE。【解析】在 SQL 语句中字符串匹配的运算符是 LIKE。

9.数据库管理系统。【解析】数据库管理系统是一种系统软件,负责数据库中的数据组织、数据操作、数据维护、控制及保护和数据服务等,是数据库系统的核心。

10.PRIMARY KEY。【解析】在使用 SQL 的 CREATE TABLE 语句定义表结构时,用 PRIMARY KEY 说明主关键字,来实现实体完整性。

11.AGE IS NULL。【解析】在 SQL 语句中,NULL 表示空值,查询空值时使用"IS NULL"。

12..T.。【解析】EOF()函数用来判断记录指针是否指向表末尾,当 LOCATE 函数没有找到满足条件的记录时,记录指针指向表末尾,其函数值为真(.T.)。

13.DO mymenu.mpr。【解析】执行程序菜单的命令格式为:DO<菜单文件名>.mpr。

14.LOCAL。【解析】只能在建立它的程序中使用的变量为局部变量,使用 LOCAL 说明局部变量的格式为:LOCAL<内存变量表>。

15.PACK。【解析】物理删除带有删除标记记录应该使用命令 PACK,如果要取消删除标记则要使用命令 RECALL。

 ## 第6套　笔试考试试题答案与解析

一、选择题

1.B。【解析】栈是按照"先进后出"或"后进先出"的原则组织数据的,所以出栈顺序是 EDCBA54321。

2.D。【解析】循环队列中元素的个数是由队头指针和队尾指针共同决定的,元素的动态变化也是通过队头指针和队尾指针来反映的。

3. C。【解析】对于长度为 n 的有序线性表，在最坏情况下，二分法查找只需比较 $\log_2 n$ 次，而顺序查找需要比较 n 次。

4. A。【解析】顺序存储方式主要用于线性数据结构，它把逻辑上相邻的数据元素存储在物理上相邻的存储单元里，结点之间的关系由存储单元的邻接关系来体现。链式存储结构的存储空间不一定是连续的。

5. D。【解析】数据流图是从数据传递和加工的角度来刻画数据流从输入到输出的移动变换过程。其中带箭头的线段表示数据流，沿箭头方向传递数据的通道，一般在旁边标注数据流名。

6. B。【解析】在软件开发中，需求分析阶段常使用的工具有数据流图(DFD)、数据字典(DD)、判断树和判断表。

7. A。【解析】对象具有如下特征：标识唯一性、分类性、多态性、封装性、模块独立性。

8. B。【解析】两个实体集间的联系可以有一对一的联系，一对多或多对一联系、多对多联系。由于一个宿舍可以住多个学生，所以它们的联系是一对多联系。

9. C。【解析】数据管理技术的发展经历了 3 个阶段：人工管理阶段、文件系统阶段和数据库系统阶段。人工管理阶段无共享，冗余度大；文件管理阶段共享性差，冗余度大；数据库系统管理阶段共享性好，冗余度小。

10. D。【解析】在实际应用中，最常用的连接是一个叫自然连接的特例。它满足下面的条件：两关系间有公共域，通过公共域的相等值进行连接。通过观察 3 个关系 R、S 和 T 的结果可知，关系 T 是由关系 R 和 S 进行自然连接得到的。

11. D。【解析】表单的属性规定了表单的外观和行为，表单的属性大约有 100 多个，常用的有 13 个，其中 Caption 属性指明显示于表单标题栏上的文本。

12. A。【解析】表单的常用事件和方法中，Show 表示显示表单；Hide 表示隐藏表单；Release 表示将表单从内存中释放(清除)。

13. C。【解析】从关系模式中指定若干个属性组成新的关系称为投影。从关系中找出满足条件的元组的操作称为选择。

14. A。【解析】可用命令方式建立和修改程序文件，命令格式为：

MODIFY COMMAND<文件名>

这里，文件名前可以指定保存文件的路径，如果没有给定扩展名，系统自动加上默认的扩展名.prg。

15. D。【解析】创建数组的命令格式为：

DIMENSION<数组名>(<下标上限 1>[,下标上限 2])[,……]

DECLARE<数组名>(<下标上限 1>[,下标上限 2])[,……]

以上两种格式的功能完全相同。数组创建后，系统自动给每个数组元素赋以逻辑假。

16. B。【解析】菜单文件的扩展名为.mnx，菜单程序文件的扩展名为.mpr。

17. B。【解析】程序执行情况如下表所示：

	y	x	判断条件 x>0
初始值	0	76543	真
x>0，条件真，执行循环体	3	7654	真
x>0，条件真，执行循环体	34	765	真
x>0，条件真，执行循环体	345	76	真
x>0，条件真，执行循环体	3456	7	真
x>0，条件真，执行循环体	34567	0	真
x>0，条件假，退出循环体	34567	0	真

最终变量 y 的结果为 34567。

18. D。【解析】使用 SQL SELECT 可以将查询结果排序，排序的短语是 ORDER BY，格式如下：

ORDER BY Order_Item[ASC|DESC][,Ordel_Item[ASC|DESC]……]

可以看出，可以按升序(ASC)或降序(DESC)排序，也可以按一列或多列排序。

19. B。【解析】LEFT()函数是从指定表达式值的左端取一个指定长度的子串作为函数值。RIGHT()函数是从指定表达式值的右端取一个指定长度的子串作为函数值。而在 Visual FoxPro 中，一个汉字占两个字符，所以选项 A 的结果为"计算"，选项 B 的结果为"考试"，选项 C 的结果为"计"，选项 D 的结果为"试"。

20. C。【解析】视图是根据基本表派生出来的，在关系数据库中，视图始终不真正含有数据，是原来表的一个窗口，可以通过视图更新基本表中的数据。视图只能在数据库中建立，数据库被打开时，视图从基本表中检索数据；数据库关闭后视图中的数据将消失。

21. A。【解析】使用短语 INTO DBF|TABLE TABLENAME 可以将查询结果存放到永久表(.dbf 文件)。所以 INTO DBF 和 INTO TABLE 是等价的。

22. A。【解析】建立数据库的命令为:CREATE DATABASE[DatabaseName |?],其中参数 DatabaseName 给出了要建立的数据库名称。

23. B。【解析】可以通过菜单方式和命令方式执行程序文件,其中命令方式的格式为:DO<文件名>,该命令既可以在命令窗口发出,也可以出现在某个程序文件中。

24. C。【解析】在表单的常用事件和方法中,Show 表示显示表单;Hide 表示隐藏表单;Release 表示将表单从内存中释放。所以为了让表单在屏幕上显示,应该执行命令 MyForm. Show。

25. A。【解析】修改表结构的命令是 ALTER TABLE TableName,所以正确的答案是选项 A。

26. D。【解析】页框中 PageCount 属性是用于指明一个页框对象所包含的页对象的数量,该属性在设计和运行时可用,仅适用于页框。

27. A。【解析】如果一个表单不属于某个项目,可以使用以下方法打开:单击"文件"菜单中的"打开"命令,然后在"打开"对话框中选择需要修改的表单文件;或者是在命令窗口中输入命令 MODIFY FORM<表单文件名>。

28. C。【解析】在指定菜单名称时,可以设置菜单项的访问键,方法是在要作为访问键的字符前加"\<"两个字符。

29. B。【解析】在文件系统的层次目录结构中,要标识一个文件,单用文件名往往是不够的,一般还要指明文件的位置,即目录路径。类似地,在对象的嵌套层次关系中,要引用其中的某个对象,也需要指明对象在嵌套层次中的位置。因为命令按钮组是一个容器对象,所以 This. Parent 表示按钮组,This. Parent. Parent 表示表单,所以正确的表达式是选项 B。

30. C。【解析】数据环境是一个对象,有自己的属性、方法和事件。常用的两个数据环境属性是 AutoOpenTables 和 AutoCloseTables。关系是数据环境中的对象,它有自己的属性、方法和事件。编辑关系主要通过设置关系的属性来完成。

31. B。【解析】在 SQL 语句中,限定查询条件使用的是 WHERE 短语,所以选项 C 和选项 D 是错误的。由于题干中要求查询主机板和硬盘,而选项 A 查询的是名称为主机板并且名称也为硬盘,因为一个物件只有一个名称,且数据表中只存在一个名称字段,显然选项 A 没有查询结果。

32. D。【解析】在 SQL 语句中,限定查询条件使用的是 WHERE 短语,所以选项 A 和选项 B 是错误的。在 SQL 语句中,当进行模糊查询时,使用的是 LIKE 短语,LIKE 是字符串匹配运算符,通配符是"%",表示 0 个或多个字符。所以选项 C 是错误的。

33. A。【解析】在 SQL 语句中,限定查询条件使用的是 WHERE 短语,所以选项 C 和选项 D 是错误的。而且在查询空值时使用的是 IS NULL,而＝NULL 是无效的,所以选项 A 正确。

34. A。【解析】与连接运算有关的语法格式为:
SELECT……
FROM Table INNER|LEFT|RIGHT|FULLJOIN Table
ON JoinCondion
WHERE……
从以上格式可以看出,选项 C 和选项 D 是错误的。DISTINCT 短语的作用是去除重复的记录,依据题意,正确的答案是选项 A。

35. D。【解析】实体完整性是保证表中记录唯一的特性,即在一个表中不允许有重复的记录。由于订购单表中已经存在 OR1~OR8 的订号,所以选项 A 和选项 B 的订购号 OR5 不可以进行插入操作。参照完整性是指当插入、删除或修改一个表中的数据时,通过参照引用相互关联的另一个表中的数据,来检查对表的数据操作是否正确。由于选项 C 中的客户号 C11 在客户表中并不存在,所以选项 C 也不可以进行插入操作。因此正确的答案是选项 D。

二、填空题

1. DBXEAYFZC。【解析】中序遍历的方法是:先遍历左子树,然后访问根结点,最后遍历右子树。并且在遍历左、右子树时,仍然先遍历左子树,然后访问根结点,最后遍历右子树。所以中序遍历的结果是 DBXEAYFZC。

2. 单元。【解析】软件测试过程分 4 个步骤,即单元测试、集成测试、验收测试和系统测试。所以集成测试在单元测试之后。

3. 过程。【解析】软件工程包括三个要素:方法、工具和过程。方法是完成软件工程项目的技术手段;工具支持软件的开发、管理、文档生成;过程支持软件开发的各个环节的控制管理。

4.逻辑设计。【解析】数据库设计目前一般采用生命周期法,即将整个数据库应用系统的开发分解成目标独立的若干阶段,即需求分析阶段、概念设计阶段、逻辑设计阶段、物理设计阶段、编码阶段、测试阶段、运行阶段和进一步修改阶段。在数据库设计中采用前4个阶段。

5.分量。【解析】元组分量的原子性是指二维表中元组的分量是不可分割的基本数据项。

6.TO。【解析】使用短语 TO FILE FileNarne[ADDITIVE]可以将查询结果存放到文本文件中,其中 FileName 给出了文件名(默认扩展名为.TXT)。如果使用 ADDITIVE,则结果将追加在原文件尾部,否则将覆盖原有文件。

7.1234。【解析】LEFT(<字符表达式>,<长度>)函数是从指定表达式值的左端取一个指定长度的子串作为函数值。LEN(<字符表达式>)表示返回指定字符表达式值的长度,即所包含的字符个数。而在 Visual FoxPro 中,一个汉字占两个字符,所以 LEN("子串")＝4,所以 LEFT("12345.6789,LEN("子串")")=1234。

8.全部。【解析】在 Visual FoxPro 中,不带条件的 SQL DELETE 命令将删除指定表中的全部记录。但只是逻辑删除记录,如果要物理删除记录,需要继续使用 PACK 命令。

9.INTO CURSROR。【解析】使用短语 INTO CURSOR CursorName 可以将查询结果存放到临时数据库文件中,其中 CursorNamc 是临时文件名。该短语产生的临时文件是一个只读的.dbf 文件,当查询结束后,该临时文件是当前文件,可以像一般的.dbf 文件一样使用(当然是只读),当关闭文件时该文件将自动被删除。

10.主。【解析】建立主索引的字段可以看作是主关键字,一个表只能有一个主关键字,所以一个表只能建立一个主索引。

11.视图。【解析】查询设计器的结果是将查询以.QPR 为扩展名的文件形式保存在磁盘中;而视图设计完后,在磁盘上找不到类似的文件,视图的结果保存在数据库中。

12.零;多。【解析】复选框控件用于标记一个两值状态:选中或不选中。可以将多个复选框都选中,也可以一个都不选中。

13.PasswordChar。【解析】PasswordChar 属性的默认值是空串,此时没有占位符,文本框内显示用户输入的内容。当为该属性指定一个字符(即占位符,通常为 *)后,文本框内将只显示占位符,而不会显示用户输入的实际内容。

14.排除。【解析】在项目连编之后,那些在项目中标记为"包含"的文件将变为只读文件,不能再对其进行修改。如果应用程序中包含需要用户修改的文件,必须将该文件标记为"排除"。

 第7套　笔试考试试题答案与解析

一、选择题

1.D。【解析】本题主要考查了栈、队列、循环队列的概念。栈是先进后出的线性表,队列是先进先出的线性表。根据数据结构中各数据元素之间的前后件关系的复杂程度,一般将数据结构分为两大类型:线性结构与非线性结构。有序线性表既可以采用顺序存储结构,又可以采用链式存储结构。

2.A。【解析】栈是一种限定在一端进行插入与删除的线性表。在主函数调用子函数时,要首先保存主函数当前的状态,然后转去执行子函数,把函数的运行结果返回到主函数调用子函数时的位置,主函数再接着往下执行。这种过程符合栈的特点,所以一般采用栈式存储方式。

3.C。【解析】根据二叉树的性质,在任意二叉树中,度为 0 的结点(即叶子结点)总是比度为 2 的结点多一个。

4.D。【解析】冒泡排序、简单选择排序和直接插入排序法在最坏的情况下比较次数为 n(n－1)/2。而堆排序法在最坏的情况下需要比较的次数为 O(nlog₂n)。

5.C。【解析】编译程序和汇编程序属于支撑软件,操作系统属于系统软件,而教务管理系统属于应用软件。

6.A。【解析】软件测试是为了发现错误而执行程序的过程。软件测试要严格执行测试计划,排除测试的随意性。程序调试通常也称 Debug,对被调试的程序进行"错误"定位是程序调试的必要步骤。

7.B。【解析】耦合性是反映模块间互相连接的紧密程度;内聚性是指一个模块内部各个元素间彼此结合的紧密程度。提高模块的内聚性、降低模块的耦合性有利于模块的独立性。

8.A。【解析】数据库应用系统的核心问题是设计一个能满足用户要求、性能良好的数据库,这就是数据库设计。

9.B。【解析】一个关系 R 通过投影运算后仍为一个关系 R′,R′是由 R 中投影运算所指出的那些域的列所组成的关系。

所以关系S是由关系R经过投影运算所得。选择运算主要是对关系R中选择由满足逻辑条件的元组所组成的一个新关系。

10.C。【解析】将 E-R 图转换为关系模式时,实体和联系都可以表示为关系。

11.A。【解析】数据库(DataBase):存储在计算机存储设备上、结构化的相关数据的集合。数据库管理系统(DBMS):对数据实行专门管理,提供安全性和完整性等统一机制,可以对数据库的建立、使用和维护进行管理。数据库系统(DBS):指引进数据库技术后的计算机系统,实现有组织地、动态地存储大量相关数据,提供数据处理和信息资源共享的便利手段。数据库系统由硬件系统、数据库、数据库管理系统及相关软件、数据库管理员和用户等部分组成。数据库(DB)、数据库系统(DBS)和数据库管理系统(DBMS)之间的关系是 DBS 包括 DB 和 DBMS。

12.D。【解析】SQL 的核心是查询,基本形式由 SELECT FROM WHERE 查询块组成,多个查询块可嵌套执行,如下表所示:

SQL 功能	命令动词
数据查询	SELECT
数据定义	CREATE、DROP、ALTER
数据操纵	INSERT、UPDATE、DELETE
数据控制	GRANT、REVOKE

13.B。【解析】修改表结构的命令是 ALTER TABLE,该命令有 3 种格式。
①ALTER TABLE TableNamel ADD I ALTER [COLUMN]FieldNamel
FieldTvpe[(nFieldWidth[nPrecismn])][NULL I NOT NULL]
[CHECK 1Expressionl[ERROR cMessageTextL1][DEFAULTeExpressionl]
[PRIMARYKEYKEY|UNIQUE]
[REFERENC:ES TableName2[TAG TagName]]
②ALTERTABLE TableNamel ALTER[COLUMN]FieldName2[NULL| NOT NULL]
[SET DELAULT eExpression2][SET CHECK lExpression2[ERRORcMessageText2]
[DROP DEFAULT][DROP CHECK]
③ALTER TABLE TableNamel[DROP[COLIJMN]FieldName3]
[SET CHECK 1Expression3[ERROR cMessageText3]]
[DROP CHECK]
[ADD PRIMARY KEY eExpression3 TAG TagName2[FOR1Expression4]]
[DROP PRIMARY KEY)
[ADD UNIQUE eExpression4[TAG TagName3[FOR 1ExpressionS]]]
[DROP UNIQUE TAG TagName4]
[ADD FOREIGN KEY[eExpression5]TAG TagName4[FOR1Expression6]
REFERENCES TableName2[TAG TagName5]]
[DROP FOREIGN KEY TAG TagName6[SAVE]]
[RENAME COLUMN FieldName4 TO FieldName5]

14.B。【解析】由于表 SC 的字段"成绩"的数据类型为数值型,在 Visual FoxPro 中,插入数值型数据时,不需要加双引号。

15.C。【解析】RecordSource 属性指定表格数据源。其中数据类型共有 5 种取值范围:0—表、1—别名(默认值)、2—提示、3—查询(.qpr)、4—SQL 语句。

16.D。【解析】CREAT TABLE 命令除了建立表的基本功能外,还包括满足实体完整性的主关键字(主索引)PRIMA-RYKEY、定义域完整性的 CHECK 约束及出错提示信息 ERROR、定义默认值 DEFAULT 等,另外还有描述表之间联系的 FOREIGNKEY 和 REFERENCES 等。如果建立自由表(当前没有打开的数据库或使用了 FREE),则很多选项在命令中不能使用,如 NAME、CHECK、DEFAULT、FOREIGN KEY、PRIMARY KEY 和 REFERENCES 等。

17.A。【解析】索引是对表中的记录按照某种逻辑顺序重新排列。
主索引:在指定的字段或表达式中不允许出现重复值的索引,且一个表只能创建一个主索引;候选索引:具有与主索相同的性质和功能,但一个表中可以创建多个候选索引,其指定的字段或表表达式中也不允许出现重复值;唯一索引:它的"唯一性"是指索引项的唯一,而不是字段值的唯一。但在使用该索引时,重复的索引段值只有唯一一个值出现在索引项中;普通索引:不仅允许字段中出现重复值,并且索引项中也允许出现重复值。

18. B。【解析】程序文件的建立与修改可以通过命令来完成,其格式是:MODIFY COMMAND<文件名>,如果没有给定扩展名,系统自动加上默认扩展名 prg。

19. B。【解析】在程序中直接使用(没有预先声明),而由系统自动隐含建立的变量都是私有变量。私有变量的作用域是建立它的模块及其下属的各层模块。

20. C。【解析】在 Visual FoxPro 中支持对空值的运算,但是空值并不等于空字符串,也不等同于数值 0,空值表示字段或变量还没有确定的值。

21. B。【解析】指定工作区的命令是:

SELECT nWorkArea|cTableAlias

其中,参数 nWorkArea 是一个大于等于 0 的数字,用于指定工作区号,最小的工作区号是 1,最大的工作区号是 32767。如果这里指定为 0,则选择编号最小的可用工作区。

22. B。【解析】自 20 世纪 80 年代以来,新推出的数据库管理系统几乎都支持关系模型。Visual FoxPro 就是一种关系数据库管理系统,它所管理的关系是若干个二维表。

23. A。【解析】数据库表相对于自由表的特点如下:

数据库表可以使用长表名,在表中可以使用长字段名;可以为数据库表中的字段指定标题和添加注释;可以为数据库表中的字段设置默认值和输入掩码;数据库表的字段有默认的控件类;可以为数据库表规定字段级规则和记录级规则;数据库表支持主关键字、参照完整性和表之间的联系。支持 INSERT、UPDATE 和 DELETE 事件的触发器。

24. D。【解析】SELECT 的命令格式看起来似乎非常复杂,实际上只要理解了命令中各个短语的含义,SQL SELECT 还是很容易掌握的,其中主要短语的含义如下:SELECT 说明要查询的数据;FROM 说明要查询的数据来自哪个(些)表,可以基于单个表或多个表进行查询;WHERE 说明查询条件,即选择元组的条件;GROUP BY 短语用于对查询结果进行分组,可以利用它进行分组汇总;HAVING 短语必须跟随 GROUP BY 使用,它用来限定分组必须满足的条件;ORDER BY 短语用来对查询的结果进行排序。

25. B。【解析】选项组中选项按钮的数目为 2,选项组 VALUE 值返回的是选项组中被选中的选项按钮,由于选项按钮"女"在选项按钮组中的次序为 2,所以返回的 VALUE 值为 2。

26. A。【解析】教师表 T 的"研究生导师"字段的数据类型为逻辑型,并且要查询"是研究生导师的女老师",所以 WHERE 子句后面的逻辑表达式为:研究生导师 AND 性别＝"女"或者为:研究生导师＝.T. AND 性别＝"女"。

27. A。【解析】先将字符"男"赋值给变量 X,在 Visual FoxPro 中,一个汉字占两个字符,所以 LEN(X)＋2＝4,即 Y＝4。所以 IIF(Y<4,"男","女")返回的结果是"女"。

28. A。【解析】在 Visual FoxPro 中一直沿用了多工作区的概念,在每个工作区中可以打开一个表(即在一个工作区中不能打开多个表)。如果在同一时刻需要打开多个表,则只需要在不同的工作区中打开不同的表即可。

29. C。【解析】参照完整性的删除规则规定了删除父表中的记录时,如何处理子表中相关的记录:如果选择"级联",则自动删除子表中的所有相关记录;如果选择"限制",若子表中有相关记录,则禁止删除父表中的记录;如果选择"忽略",则不做参照完整性检查,即删除父表的记录时与子表无关。

30. D。【解析】报表的数据源可以包含有视图、自由表和查询。因为视图、自由表和查询是包含在数据库中的文件,可以作为数据源,文本文件只能通过导入形成表后才能作为数据源。

31. C。【解析】由于 SC 表中的"成绩"字段的数据类型为 N 型字段,所以 WHERE 子句中的关于成绩的逻辑表达式不需要用双引号。根据 SQL SELECT 语句的语法,选择的字段也不需要用双引号。

32. A。【解析】使用短语 INTO CURSOR CursorName 可以将查询结果存放到临时数据库文件中,其中 CursorName 是临时文件名,该短语产生的临时文件是一个只读的.dbf 文件,当查询结束后该临时文件是当前文件,可以像一般的.dbf 文件一样使用,当关闭文件时该文件将自动删除。

33. A。【解析】SQL SELECT 中使用的特殊运算符包括 BETWEEN NumberA AND NumberB,该运算符表示该查询的条件是在 NumberA 与 NumberB 之间,相当于用 AND 连接的一个逻辑表达式。

34. C。【解析】查询空值时要使用 IS NULL,而＝NULL 是无效的,因为空值不是一个确定的值,所以不能用"＝"这样的运算符进行比较。

35. D。【解析】选项 D 中的内查询 SELECT 学号 FROM SCWHERE 课程号＝"C2"的查询结果有可能为多个,而选项 D 中的外层查询 WHERE 子句后面的逻辑表达式使用"＝",这样会导致产生错误的结果。

二、填空题

1. 19。【解析】栈底指针减去栈顶指针就是当前栈中的所有元素的个数。

2. 白盒。【解析】软件测试按照功能可以分为白盒测试和黑盒测试。白盒测试方法也称为结构测试或逻辑驱动测试,其主要方法有逻辑覆盖、基本路径测试等。

3. 顺序结构。【解析】结构化程序设计的三种基本控制结构是选择结构、循环结构、顺序结构。

4. 数据库管理系统。【解析】数据库管理系统是数据库的结构,它是一种系统软件,负责数据库中数据组织,数据操纵,数据维护、控制及保护和数据服务等。数据库管理系统是数据库系统的核心。

5. 菱形。【解析】在 E-R 图中,用菱形来表示实体之间的联系,矩形表示实体集,椭圆形表示属性。

6. 数据库。【解析】所谓自由表,就是那些不属于任何数据库的表,所有由 Foxbase 或早期版本的 FoxPro 创建的数据库文件(.dbf)都是自由表。在 Visual FoxPro 中创建表时,如果当前没有打开数据库,则创建的表也是自由表。

7. 日期时间型。【解析】日期时间型常量包括日期和时间两部分内容:〈＜日期〉,〈时间〉。〈日期〉部分与日期型常量相似,也有传统的和严格的两种格式。〈时间〉部分的格式为:[hh[:mm[:ss]][AM[PM]],其中 hh、mm 和 ss 分别代表时、分和秒。

8. PRIMARY KEY。【解析】CREATE TABLE I DBF TableNamel[NAMELongTableName][FREE]

(FieldNarnel FieldType[(nFieldWidth[,nPrecision])][NULL|NOTNULL]

[CHECK IExpressionl[ERROR cMessageTextl]]

[DEFAULT eExpressionl]

[PRIMARY KEY f UNIQUE]

[PEFERENCES TableName2[TAG TagNamel]]

[NOCPTRANS]

[,FieldName2…]

[,PRIMARY KEY eEpression2 TAG TagName2|,

UNIQUE eExpression3 TAG TagName3]

[,FOREIGN KEY eExpression4 TagName4[NODUP]

REFERENCES TableName3[TAG TagName5]]

[,CHECK IExpression2[ERROR eMessageText2]])

|FROM ARRAY ArravNasne

说明:此命令除了建立表的基本功能外,还包括满足实体完整性的主关键字(主索引)PRIMARY KEY、定义域完整性的 CHECK 约束及出错提示信息 ERROR、定义默认值 DEFAULT 等,另外还有描述表之间联系的 FOREIGN KEY 和 REFERENCES 等。

9. .prg。【解析】程序文件的扩展名是.prg。创建程序文件时,如果没有给定扩展名,系统自动加上默认的扩展名.prg。

10. 连接。【解析】在 Visual FoxPro 中,SELECT 语句能够实现投影、选择和连接三种专门的关系运算。

11. .T.。【解析】EOF 函数的功能是测试指定表文件中的记录指针是否指向文件尾,若是就返回逻辑真(.T.),否则返回逻辑假(.F.)。表文件尾是指最后一条记录的后面位置。由于 LOCATE ALL 命令查找不到满足条件的记录,记录指针指向文件尾,返回的值应该是逻辑真(.T.)。

12. REPLACE ALL。【解析】在 VisualFoxPro 中可以交互修改记录,也可以用指定值直接修改记录。用 EDIT 或 CHANGE 命令交互式修改;用 REPLACE 命令直接修改。当修改全部记录时,用 RAPLACE ALL 命令。

13. 数据库系统。【解析】在子程序 subl 中,X 为局部变量,Y 为私有变量。私有变量的作用域是建立它的模块及其下属的各层模块。局部变量只能在建立它的模块中使用,不能在上层或下层模块中使用。所以主程序的运行结果是"数据库系统"。

14. HAVING。【解析】HAVING 短语必须跟随 GROUP BY 使用,它用来限定分组必须满足的条件。

15. AVG(成绩)。【解析】SQL 不仅具有一般的检索能力,而且还有计算方式的检索,用于计算检索的函数有 COUNT

（计数）、SUM（求和）、AVG（计算平均值）、MAX（求最大值）及MIN（求最小值）。题意中要求查询成绩高于或等于平均成绩的学生的学号，所以内查询的字段应该是AVG（成绩）。

 第8套　笔试考试试题答案与解析

一、填空题

1. C。【解析】线性结构是指数据元素只有一个直接前驱和直接后继，线性表是线性结构，循环队列、带链队列和栈是指对插入和删除有特殊要求的线性表，也是线性结构，而二叉树是非线性结构。

2. B。【解析】栈是一种特殊的线性表，其插入和删除运算都只在线性表的一端进行，而另一端是封闭的。可以进行插入和删除运算的一端称为栈顶，封闭的一端称为栈底。栈顶元素是最后被插入的元素，而栈底元素是最后被删除的。因此，栈是按照先进后出的原则组织数据的。

3. D。【解析】循环队列是把队列的头和尾在逻辑上连接起来，构成一个环。循环队列首尾相连，分不清头和尾，此时需要两个指示器分别指向头部和尾部。插入就在尾部指示器的指示位置处插入，删除就在头部指示器的指示位置删除。

4. A。【解析】一个算法的空间复杂度一般是指执行这个算法所需的存储空间。一个算法所占用的存储空间包括算法程序所占用的空间，输入的初始数据所占用的存储空间及算法执行过程中所需要的额外空间。

5. B。【解析】耦合性和内聚性是模块独立性的两个定性标准，是互相关联的。在软件设计中，各模块间的内聚性越强，则耦合性越弱。一般优秀的软件设计，应尽量做到高内聚，低耦合，有利于提高模块的独立性。

6. A。【解析】结构化程序设计的主要原则概括为自顶向下，逐步求精，限制使用GOTO语句。

7. C。【解析】N-S图（也被称为盒图或CHAPIN图）和PAD（问题分析图）及PFD（程序流程图）是详细设计阶段的常用工具，E-R图也即实体-联系图是数据库设计的常用工具。可以看出题中的该图属于程序流程图。

8. B。【解析】数据库系统属于系统软件的范畴。

9. C。【解析】E-R图也即实体-联系图（Entity Relationship Diagram），提供了表示实体型、属性和联系的方法，用来描述现实世界的概念模型，构成E-R图的基本要素是实体型、属性和联系，其表示方法为：实体型（Entity）用矩形表示，矩形框内写明实体名；属性（Attribute）用椭圆形表示，并用无向边将其与相应的实体连接起来；联系（Relationship）用菱形表示，菱形框内写明联系名，并用无向边分别与有关实体连接起来，同时在无向边旁标上联系的类型（1∶1，1∶n或m∶n）。

10. D。【解析】关系的并运算是指由结构相同的两个关系合并，形成一个新的关系，其中包含两个关系中的所有元素。由题可以看出，T是R和S的并运算得到的。

11. A。【解析】文本框（TextBox）是一种常用控件，可用于输入数据或编辑内存变量、数组元素和非备注型字段内的数据。Value属性可用来设置文本框的显示内容。InputMask属性指定如何输入和显示数据。

12. D。【解析】Like短句只显示与通配符相匹配的内存变量。通配符包括＊和？，＊表示任意多个字符，？表示任意一个字符。故此题只有D选项不能显示。

13. D。【解析】对字符串取子串函数有LEFT（）、RIGHT（）、SUBSTR（）。LEFT（）从指定表达式值的左端取一个指定长度的字串作为函数值。RIGHT（）从指定表达式值的右端取一个指定长度的字串作为函数值。SUBSTR（）从指定表达式值的指定起始位置取指定长度的字串作为函数值。而AT（）函数是求子串位置的函数。

14. B。【解析】SELECT语句的FROM之后只指定了一个关系，选出满足条件的元组，相当于关系操作的投影操作。

15. B。【解析】报表的数据源必须具有表结构。所以文本文件不可以作为报表的数据源。

16. A。【解析】使用索引能够快速定位，在查询时提高查询速度。

17. C。【解析】表单文件的扩展名是scx，frm是VB窗体文件格式，prg是程序文件的格式，vcx是可视类库的文件格式。

18. D。【解析】这是一个求斐波那契数列（因数学家列昂纳多·斐波那契以兔子繁殖为例子而引入，故又称为"兔子数列"），通过FOR循环结构达到递归运算的结果。a（6）应为8。

19. B。【解析】调用模块程序的格式有两种：

格式1:DO＜文件名＞|＜过程名＞|WITH＜实参1＞[，＜实参2＞，…]

格式2:＜文件名＞|＜过程名＞(＜实参1＞[，＜实参2＞，…])

采用格式1调用模块程序时，如果实参是变量，那么传递的将不是变量的值，而是变量的地址，在模块程序中对形参变量值的改变，同样是对实参变量值的改变。所以应选B,在模块程序中交换了x1和x2的值。

20.D。【解析】查询是以 qpr 为扩展名的查询文件保存的。

21.D。【解析】视图可以用来从一个或多个相关联的表中提取(更新)有用的信息,视图依赖于表,不独立存在。通过视图既可以查询表,又可以更新表。视图可以删除。

22.D。【解析】文本框的 PasswordChar 属性用来指定文本框是显示用户输入的字符还是显示占位符,指定用做占位符的字符。

23.B。【解析】表单的 Show 方法用于显示表单,将表单的 Visible 属性设置为.T.,并使表单成为活动对象。表单的 Hide 方法用于隐藏表单,将表单的 Visible 属性设置为.F.。表单的 Release 方法用于将表单从内存中释放(清除)。SetFocus 方法是针对表单的控件的。

24.A。【解析】在数据库中建立表有两种方式:①使用数据库设计器。②使用 OPEN DATABASE 命令打开数据库,然后使用 CREATE 命令建立表。

25.B。【解析】表单的 Show 方法用来显示表单,所以要显示隐藏的表单 MeForm 命令为 MeForm Show。

26.D。【解析】在设置项中有规则(字段有效性规则)、信息(违背字段有效性规则时的提示信息)、默认值(字段的默认值)三项。

27.C。【解析】如果指定了多个字段,则将依次按自左至右的字段顺序排序。

28.D。【解析】创建表单时,可以给属性、方法和事件设置一些值等,但不可添加新的属性、方法和事件。

29.B。【解析】VAL 是将字符转为数字的函数,返回值为数值型。STR 是将数字转为字符型的函数,DTOC 和 TTOC 是将日期型或日期时间型数据转为字符型的函数,返回值为字符型。

30.C。【解析】短句 INTO DBF|TABLE tablename 是将查询结果存放到永久表中。

31.A。【解析】短句 INTO CURSOR tablename 是将查询结果存放到临时数据库文件中。

32.D。【解析】设置主关键字的语句为:PRIMARY KEY。

33.C。【解析】格式为 CREATE CLASS 新类名 OF 类库名称 As 父类名。

34.A。【解析】INNER JOIN 运算为普通连接,组合两个表中的记录,只要在公共字段之中有相符的值。GROUP BY 子句来分组,HAVING 子句用来从分组的结果中筛选行。

35.D。【解析】首先通过 GROUP BY 子句来分组,将各系教师人数存入表 TEMP 中,然后再查询各组人数的最大值。

二、填空题

1.14。【解析】叶子结点总是比度为2的结点多一个。所以,具有5个度为2的结点的二叉树有6个叶子结点。总结点数=6个叶子结点+5个度为2的结点+3个度为1的结点=14个结点。

2.逻辑处理。【解析】程序流程图的主要元素:①方框:表示一个处理步骤;②菱形框:表示一个逻辑处理;③箭头:表示控制流向。

3.需求分析。【解析】软件需求规格说明书是在需求分析阶段产生的。

4.多对多。【解析】每个"学生"有多个"可选课程"可对应,每个"可选课程"有多个"学生"可对应。

5.身份证号。【解析】主关键字的要求必须是不可重复的,只有身份证号能够满足这个条件。

6..F.。【解析】命令按钮的 Cancel 属性的默认值为.F.,Cancel 属性的值为.T.的命令按钮称为"取消"按钮。

7.选择操作。【解析】选择是从行的角度进行的运算,即从水平方向抽取记录。

8.{^2009－03－03}。【解析】Visual FoxPro 采取的是严格的日期格式:{^yyyy－mm－dd},花括号内第一个字符必须是字符"^";年份必须是4位;年月日顺序不能颠倒,不能省略。

9.忽略。【解析】参照完整性包括更新规则、删除规则和插入规则。插入规则规定了当在子表中插入记录时,是否进行参照完整性检查,包括"限制"和"忽略"。

10.DROP VIEW MyView。【解析】删除视图的命令格式为:DROP VIEW 视图名。

11.GROUP BY。【解析】GROUP BY 子句用来分组。

12.自由表。【解析】项目管理器包括6个选项卡,其中"数据"、"文档"、"类"、"代码"、"其他"5个选项卡用于分类显示各种文件,"全部"选项卡用于集中显示该项目的所有文件。数据选项卡包含了一个项目中的所有数据——数据库、自由表、查询和视图。

13.Enabled。【解析】ReadOnly 和 Enabled 都可以使编辑框内容处于只读状态,ReadOnly 时用户仍能移动焦点至编辑框并使用滚动条,Enabled 则不能。

14. ALTER；SET CHECK。【解析】为字段增加有效性使用修改表结构命令：ALTER TABLE 和 SET CHECK。

 **第9套　笔试考试试题答案与解析**

一、选择题

1. C。【解析】二分法查找只适用于顺序存储的有序表，对于长度为 n 的有序链表，最坏情况只需比较 $\log_2 n$ 次。

2. D。【解析】算法的时间复杂度是指算法需要消耗的时间资源。一般来说，计算机算法是问题规模 n 的函数 f(n)，算法的时间复杂度也因此记做 $T(n)=O(f(n))$，因此，n 越大，f(n) 也就越大，算法执行的时间也就越长，称做渐进时间复杂度（Asymptotic Time Complexity）。简单来说就是算法在执行过程中所需要的基本运算次数。

3. B。【解析】编辑软件和浏览器属于工具软件，教务管理系统是应用软件。

4. A。【解析】调试的目的是发现错误或导致程序失效的错误原因，并修改程序以修正错误。调试是测试之后的活动。

5. C。【解析】数据流程图是一种结构化的分析描述模型，用来对系统的功能需求进行建模。

6. B。【解析】开发阶段在开发初期分为需求分析、总体设计、详细设计三个阶段，在开发后期分为编码、测试两个子阶段。

7. A。【解析】数据定义语言：负责数据的模式定义与数据的物理存取构建；数据操纵语言：负责数据的操作，如查询与增、删、改等；数据控制语言：负责数据完整性、安全性的定义与检查以及并发控制、故障恢复等。

8. D。【解析】一个数据库由一个文件或文件集合组成。这些文件中的信息可分解成一个个记录。

9. C。【解析】E-R(Entity-Relationship)图为实体-联系图，提供了表示实体型、属性和联系的方法，是用来描述现实世界的概念模型。

10. A。【解析】选择是建立一个含有与原始关系相同列数的新表，但是行只包括那些满足某些特定标准的原始关系行。

11. B。【解析】在 Visual FoxPro 中，编译后的程序文件扩展名为 EXE，PRG 为程序文件，DBC 为数据库文件。

12. A。【解析】因表已在当前工作区打开，所以修改表结构应使用 MODI STRU 命令。

13. D。【解析】在 Visual FoxPro 中修改记录的命令有交互修改的 EDIT 和 CHANGE 命令和直接修改的 REPLACE 命令。EDIT 和 CHANGE 命令均用于交互对当前表的记录进行编辑、修改，默认编辑的是当前记录，REPLACE 命令可直接指定表达式或值修改记录。

14. D。【解析】在 Visual FoxPro 中也采用了面向对象的思想，属性是用来表示对象的状态，方法用来表示对象的行为，而事件是一种由系统预先定义而由用户或系统发出的动作。事件代码既可以在事件引发时执行，也可以像方法一样被显式调用。每一个 Visual FoxPro 基类都有自己的一组属性、方法和事件。基于相同类的对象可以设置不同的属性值。

15. D。【解析】从 a、b 的值可以看出输出结果是取的 b 连接上 a 的第二个字母。字符函数中 AT 返回的是字符在字符串中的位置，函数值是数值型；LEFT 函数是返回字符表达式从左侧起指定长度的字符串；RIGHT 函数返回字符表达式从右侧起指定长度的字符串。

16. B。【解析】在关系数据库中，将关系也称做表。一般一个表对应磁盘上的一个扩展名为 .dbf 的文件。

17. B。【解析】EMPTY 是"空"值测试函数，功能是根据指定表达式的运算结果是否为"空"值，返回逻辑真或逻辑假。这里所指的"空"值与 NULL 值是两个不同的概念。LIKE 函数是字符串匹配函数，功能为比较两个字符串对应位置上的字符，若所有对应字符都相匹配，函数返回逻辑真，否则返回逻辑假，第一个字符串参数可以包含通配符 * 和？。* 可与任何数目的字符相匹配，？可与任何单个的字符相匹配。AT 是求字串位置的函数，返回值为数值型。ISNULL 函数是判断是否为空的函数。SPACE 函数返回的是指定长度的空格字符串。

18. B。【解析】在 Visual FoxPro 中，视图是一个定制的虚拟表，可以是本地的、远程的或带参数的。视图物理上不包含数据。视图是数据库的一个特有功能，只有在包含视图的数据库打开时，才能使用视图。

19. C。【解析】关系的特点有：①关系必须规范化；②在同一个关系中不能出现相同的属性名；③关系中不能有相同的元组；④在一个关系中元组的次序无关紧要，任意交换两行的位置并不影响数据的实际含义；⑤在一个关系中列的次序无关紧要，任意交换两列的位置也不影响数据的实际含义。

20. C。【解析】报表主要包括两部分内容：数据源和布局。数据源是报表的数据来源，通常是数据库中的表或自由表，也可以是视图、查询或临时表。

21. B。【解析】表格是一种容器对象，按行和列的形式显示数据，RecordSource 属性用于指定表格数据源。

22. C。【解析】参照完整性规则包括更新规则、删除规则和插入规则。删除规则规定了当删除父表中记录时,如何处理子表中的相关记录。如果选择了"级联",则自动删除子表中的所有相关记录。

23. B。【解析】在报表中使用的控件有:标签控件,线条、矩形和圆角矩形,域控件和OLE对象。其中域控件用于打印表或视图中的字段、变量和表达式的计算结果。

24. D。【解析】在Visual FoxPro中可根据自由表建立查询也可以通过数据表建立查询。

25. B。【解析】SQL语句中INSERT关键词是插入记录的命令,UPDATE是更新记录的命令,CREATE是创建表的命令,SELECT是查询命令。

26. C。【解析】表单的显示、隐藏与关闭的方法有:①Show:显示表单;②Hide:隐藏表单;③Release:将表单从内存中释放(清除)。

27. A。【解析】此命令并未改变字段值。

28. D。【解析】SQL语句中模糊匹配应使用语句LIKE。

29. B。【解析】虽然在IF语句中S的值由A的值决定,但是,在输出前S的值又被重新赋值,所以输出结果为1。

30. B。【解析】查询条件语句中字段名不能用引号,字段内容为C型的条件值需要用引号。

31. C。【解析】库表中还书默认值为NULL,未还书记录即为还书日期为NULL的记录,条件语句中应为IS NULL。

32. A。【解析】将查询结果存放在临时文件中应使用短语INTO CURSOR CursorName语句,其中CursorName是临时文件名,该语句将产生的临时文件是一个只读的.dbf文件,当查询结束后该临时文件是当前文件。

33. D。【解析】SQL语句中模糊匹配应使用语句LIKE。

34. B。【解析】判断日期的年的部分,应使用year()函数获得年的值。

35. D。【解析】这是一个基于多个关系的查询,查询结果出自一个关系,但相关条件却涉及多个关系。所以使用嵌套查询。

二、填空题

1. A,B,C,D,E,F,5,4,3,2,1。【解析】队列是先进先出的。

2. 15。【解析】队列个数＝rear－front＋容量。

3. EDBGHFCA。【解析】后序遍历的规则是先遍历左子树,然后遍历右子树,最后遍历访问根结点,各子树都是同样的递归遍历。

4. 程序。【解析】参考软件的定义。

5. 课号。【解析】课号是课程的唯一标识即主键。

6. 实体。【解析】数据完整性一般包括实体完整性、域完整性和参照完整性。实体完整性是保证表中的记录唯一的特性,即在一个表中不允许有重复的记录。在Visual FoxPro中利用主关键字和候选关键字来保证表中的记录唯一。主关键字又称为主索引,候选关键字又称为候选索引。

7. DO queryone. qpr。【解析】执行查询有两种方式,如果在项目管理器中,将数据选项卡的查询项展开,然后选择要运行的查询,并单击"运行"命令按钮。如果以命令方式执行查询,则命令格式是:DO QueryFile,此时必须给出查询文件的扩展名.qpr。

8. EMP. fpt。【解析】在关系数据库中将关系也称做表,一个数据库中的数据就是有由表的集合构成的,一般一个表对应于磁盘上的一个扩展名为.dbf的文件,如果有备注或者通用型的字段,则磁盘上还会有一个对应扩展名为.fpt的文件。

9. 域。【解析】数据完整性一般包括实体完整性、域完整性和参照完整性。建立字段有效性规则属于域完整性。

10. 多对一。【解析】一个班级有多个学生。

11. 关系(或二维表)。【解析】Visual FoxPro是一种关系数据库管理系统,关系模型的用户界面非常简单,一个关系的逻辑结构就是一张二维表。

12. COUNT()。【解析】SQL不仅具有一般的检索能力,而且还有计算方式的检索。用于计算检索的函数有:COUNT(计数)、SUM(求和)、AVG(计算平均值)、MAX(求最大值)、MIN(求最小值)。

13. DISTINCT。【解析】DISTINCT语句的功能是清除重复记录。

14. CHECK。【解析】修改表结构的命令是ALTER TABLE,格式中设置有效性规则应使用CHECK。

15. HAVING。【解析】SELECT语句中,使用GROUP BY短句对查询结果进行分组,可以利用它进行分组汇总。HAVING短句必须跟随GROUP BY使用,它用来限定分组必须满足的条件。

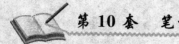

第10套　笔试考试试题答案与解析

一、选择题

1. B。【解析】与顺序存储结构相比,线性表的链式存储结构需要更多的空间存储指针域,因此,线性表的链式存储结构所需要的存储空间一般要多于顺序存储结构。

2. C。【解析】栈是限制仅在表的一端进行插入和删除的运算的线性表,通常称进行插入、删除的一端为栈顶,另一端称为栈底,栈底指针不变,栈顶指针动态变化。

3. D。【解析】软件测试的目的主要是发现软件错误,希望在软件开发生命周期内尽可能早地发现尽可能多的 bug。

4. A。【解析】软件危机表现为:①对软件开发的进度和费用估计不准确;②用户对已完成的软件系统不满意的现象时常发生;③软件产品的质量往往靠不住;④软件常常是不可维护的;⑤软件通常没有适当的文档;⑥软件成本在计算机系统总成本中所占的比例逐年上升;⑦软件开发生产率提高的速度,远远跟不上计算机应用迅速普及深入的趋势。

5. A。【解析】软件的生命周期是指软件从产生到废弃的过程,其中包括软件产品的提出、实现、使用维护到废弃这些环节。

6. D。【解析】在程序设计中,继承是指子类自动享用父类的属性和方法,并可以追加新的属性和方法的一种机制。它是实现代码共享的重要手段,可以使软件更具有开放性、可扩充性,这是信息组织与分类的行之有效的方法,也是面向对象的主要优点之一。继承又分为单重继承和多重继承。单重继承是指子类只能继承一个父类的属性和操作;多重继承是指子类可以继承多个父类的属性和操作。熟悉 IT 的人都知道,Java 是一种单重继承语言,而 C++是一种多重继承语言。

7. D。【解析】层次型、网状型和关系型数据库划分的原则是数据之间的联系方式。

8. C。【解析】一个工作人员对应多台计算机,一台计算机对应多个工作人员,则实体工作人员与实体计算机之间的联系是多对多。

9. C。【解析】外模式也称为用户模式。在一个数据库模式中,有 N 个外模式,每一个外模式对应一个用户。外模式保证数据的逻辑独立性。内模式属于物理模式,因此,一个数据库只有一个内模式。内模式规定了数据的存储方式、数据操作的逻辑、数据的完整性、数据的安全性和数据存储性能。

10. A。【解析】表的基本操作有自然连接、交、并、投影,根据题意知此操作为自然连接。

11. A。【解析】固定语法:SET CENTURY ON 之后,日期变成 YYYY/MM//DD,SET CENTURY OFF 之后,日期变成 YY/MM//DD 。

12. C。【解析】[6＊8－2]、"6＊8－2"都是字符型常量,6＊8－2 是数值型常量,类型不同,所以表达式 C 是合法的。

13. D。【解析】正确的有效性规则可以是性别＝"男".OR.性别＝"女",或性别 $ "男女",由此选 D。

14. A。【解析】在 Visual FoxPro 中,"＊"代表所有信息,相当于 SQL 中的"％"。

15. C。【解析】执行 b 时,系统报错。

16. D。【解析】& 表示取址符号,x 为值,&k 表示取 k 的地址,所以类型不匹配。

17. C。【解析】int 函数:将数字向下舍入到最接近的整数。格式为 int(number),Number 是需要进行向下舍入取整的实数。ROUND:返回数字表达式并四舍五入为指定的长度或精度。格式为 ROUND (numeric_expression , length 〔 , function 〕) 。CEILING 将参数 Number 向上舍入(沿绝对值增大的方向)为最接近的舍入基数的倍数。格式为 CEILING(number,significance)。floor(x),有时候也写做 Floor(x),其功能是"下取整",或者说"向下舍入",即取不大于 x 的最大整数(与"四舍五入"不同,下取整是直接去掉小数部分)。

18. A。【解析】创建表间关系的时候,主表一定要创建主索引或者候选索引。建立一对一关系是指主表建立主索引,子表建立主索引;建立一对多的关系是指主表建立主索引,子表建立普通索引。

19. C。【解析】结构复合索引文件具有下列特性:在打开表时自动打开,在同一索引文件中能包含多个索引方案或索引关键字。在添加、更改或删除记录时,自动维护索引。

20. D。【解析】"SELECT 0"是指未使用的工作区,因为工作区已打开,所以 A 错误。"USE 学生"是指某个工作区中的打开表,所以 B 错误。"SELECT 学生"是操作某个工作区的学生表,而"SELECT student"是当前工作区的学生表的命令。

21. C。【解析】视图由于是从表中派生出来的,所以不存在修改结构问题,但视图可以删除。删除视图的语法是:DROP

22. A。【解析】列表框就是为用户提供一个列表,供用户选择其中的某一项,方便用户输入数据,保证输入数据的有效性。组合框的功能和列表框相似,二者的不同之处是列表框任何时候都显示它的列表,而组合框平时只显示一项,当用户单击它的向下按钮后才显示下拉列表。

23. B。【解析】选项组中选项按钮的数目为2,选项组的 Value 返回选项组中被选中的选项按钮,由于选项按钮"男"在选项组的次序为1,所以返回的 Value 是1。

24. A。【解析】Parent 是对象的一个属性,属性值为对象引用,指向该对象的直接容器对象。This、ThisForm 是关键字,它们分别表示当前对象,当前表单。Click 事件是在控件上单击鼠标左键时发生的。

25. C。【解析】dbf 是数据表的扩展名,scx 是表单的扩展名,dbc 是数据库的扩展名,vcx 是类库的扩展名。

26. D。【解析】标签控件和文本框一般在表单中显示、输入数据,数据量较小,域控件数据量大。

27. C。【解析】在指定菜单名称时,可以设置菜单项的访问键,方法是在要作为访问键的字符前加"\<"两个字符。

28. A。【解析】因为不存在同名的 .exe、.app 和 .fxp 文件,所以在删除 myProc.prc 文件后,再执行 DO myProc,结果就会报错(找不到文件)。

29. B。【解析】计算机数据库中的视图是一个虚拟表,其内容由查询定义。同真实的表一样,视图包含一系列带有名称的列和行数据。但是,视图并不在数据库中以存储的数据值集形式存在。行和列数据来自由定义视图的查询所引用的表,并且在引用视图时动态生成。将物体按正投影法向投影面投射时所得到的投影称为"视图"。创建视图时,视图的名称存储在 sysobjects 表中。有关视图中所定义的列的信息添加到 syscolumns 表中,而有关视图相关性的信息添加到 sysdepends 表中。

30. C。【解析】Release 是关闭释放表单的关键方法,Close 和 CloseForm 都是关键字,分别表示关闭页面和表单。

31. A。【解析】BETWEEN AND 表示在两者之间(包含两端的数据)。

32. C。【解析】此题使用的 JOIN 内连接必须与 ON 进行搭配使用,所以 A、B 选项错误。D 选项中成绩=NULL 属于语法错语,所以答案选择 C。

33. D。【解析】ORDER BY 表示排序,ORDER BY 表示百分比,TOP 表示头几条。

34. B。【解析】IN 表示包含关系,ANY 表示只要有一条数据满足条件,整个条件成立。

35. C。【解析】为表添加新的字段语法为:ALTER TABLE 表名 ADD 字段名 字段类型。

二、填空题

1. 1DCBA2345。【解析】栈是限制仅在表的一端进行插入和删除的运算的线性表,通常称插入、删除的这一端为栈顶,另一端称为栈底。

2. 1。【解析】题中未说明线性表的元素是否已排序,若元素已降序排列,则用顺序查找法最少只需要找1次。

3. 25。【解析】在任意一棵二叉树中,度数为0的结点(即叶子结点)总比度为2的结点多一个,因此该二叉树中叶子结点为 7+1=8,8+17=25。

4. 结构化。【解析】结构化程序可以分为三种基本结构,即顺序结构、分支结构、循环结构。

5. 物理设计。【解析】数据库设计的4个阶段包括:需求分析、概念设计、逻辑设计和物理设计。

6. 物理。【解析】索引文件不会改变记录的物理顺序。

7. 逻辑型。【解析】逻辑型(LOGIC)数据是描述客观事物真假的数据类型,表示逻辑判断的结果。

8. A 不大于 B。【解析】IF(表达式,表达式1,表达式2),如果表达式成立,则执行表达式1,否则执行表达式2。

9. 插入。【解析】参照完整型规则定义。

10. InputMask。【解析】本题考察对文本框属性的了解。

11. HAVING。【解析】使用 HAVING 子句进行分组筛选,HAVING 子句只能对没有分组统计前的数据行进行筛选,对分组后的条件的筛选必须使用 HAVING 子句。

12. PREVIEW。【解析】缺少预览命令,要添加。

13. LEFT(学号,4);INTO。【解析】LEFT(学号,4)="2010"是选出"学生"表中学号左4位为"2010"的记录。
INTO DBF new 是将选出的记录填入新表 new 中。

14. ALTER 学号 C(12)。【解析】为字段增加有效性使用修改表结构的命令:ALTER 字段修改后的值。

第11套 笔试考试试题答案与解析

一、选择题

1. A。【解析】由于栈是先进先出,因此栈顶的元素是最先被删除的。

2. B。【解析】有一个根结点的数据结构不一定是线性结构。

3. D。【解析】有一个叶子结点而结点的总个数为7,根据题意,这个二叉树的深度为7。

4. D。【解析】软件需求分析阶段所生成的说明书为需求规格说明书。

5. B。【解析】结构化程序包含的结构为顺序结构、循环结构、分支结构。

6. A。【解析】软件系统的总体结构图是软件架构设计的依据,它并不能支持软件的详细设计。

7. C。【解析】负责数据库中查询操作的语言是数据操作语言。

8. D。【解析】由于一个老师能教多门课程,而一门课程也能有多个老师教,所以是多对多的关系,也就是 m:n 的关系。

9. C。【解析】由图所知,其中 C 中只有一个属性,是除操作。

10. B。【解析】其中 A 选项是有符号的,C 选项是小数,D 选项是结合并不是类的实例化对象,只有 B 完全符合。

11. B。【解析】给表建立主索引所实现的是实体完整性约束,所以答案选择 B。

12. A。【解析】? 是输出而 15%4 表示的是求余运算,15%－4 是负数的求余运算,所以答案为 A。

13. D。【解析】建立主索引和候选索引后,数据库不允许出现重复的字段和表达式。

14. A。【解析】由题知,数值型用字母 N 表示,所以答案为 A。

15. A。【解析】SQL 语句中的 DELETE 不需应用文件,便可直接删除,而 Visual FoxPro 中的 DELETE 则必须要应用文件之后才能够删除。

16. B。【解析】EXIT 语句能直接中途中断,所以要跳出 SCAN...END。SCAN 语句直接用 EXIT 语句退出。

17. C。【解析】数据库中,一般用二维表表示其关系,所以在 Visual FoxPro 中我们常说的表其实就是指关系。

18. C。【解析】删除表的字段的格式为:ALTER TABLE Table_name DROP COLUMN column_name。

19. A。【解析】视图也叫做窗口,兼有"表"和"查询"的特点,视图可以从表中提取数据,然后改变数据的值,再送回基本表中,视图是一种表的手段,视图的基础是 SQL SELETE 语句。

20. B。【解析】删除所需条件的记录格式为 DELETE FROM Table_name [Where Condition],所以答案为 B。

21. C。【解析】当查找到满足条件的第一个记录之后,想要继续查找要使用命令 CONTINUE。

22. D。【解析】为了在报表中打印当前时间,应该插入的控件是域控件。

23. A。【解析】RECCOUNT ([<工作区号>｜<别名>]),其功能是返回指定工作区中表的记录个数。如果工作区中没有打开表,则返回 0。所以答案选择 A。

24. C。【解析】插入数据的命令格式为:INSERT INTO dbf_name [(fname1[,fname2,......)] VALUES(eExpression1[, eExpression2,......])。所以答案为 C。

25. A。【解析】本题考查的是选项按钮组,当添加了选项按钮组后的默认名为 Optiongroup。所以答案为 A。

26. B。【解析】本题考查菜单。在菜单中恢复系统菜单用的是 SET SYSMENU TO DEFAULT。所以答案选择 B。

27. D。【解析】修改表单标题的属性是 Caption。所以答案选择 D。

28. B。【解析】消除 SQL SELECT 查询结果中的重复记录使用的方法很多,但是根据题中的选项是指定唯一索引。

29. B。【解析】选项按钮组,只能选择一个。编辑框是进行编辑的,命令按钮是输入命令的,只有选择一组复选框,才能提供多选功能。

30. B。【解析】使一个命令按钮不可用只需要将按钮的 Enable 属性设置为假,按钮变成灰色即不可用状态。

31. B。【解析】由题可知,所查询的是计算机系所选课程的学生的学号、姓名、课程名和成绩,其中涉及三个表,所以条件为 s.学号＝sc.学号 AND sc.课程号＝c.课程号 AND 院系＝"计算机系"。所以答案选择 B。

32. B。【解析】由题可知,所查询的成绩是大于等于 85 分的学生的学号和姓名,其中成绩和学号、姓名不在一个表内,所以要用嵌套查询。而其中的成绩是大于等于 85 分,所以答案选择 B。

33. D。【解析】由条件可知所要查询的是所选课程数大于等于 5 的学生的学号、姓名和平均成绩,其中成绩是在 sc 表中,所以 s.学号＝sc.学号,因为必须是成绩大于等于 5,所以 COUNT（＊）＞=5。所以,正确的 SQL 语句为 SELECT s.学号,姓名,AVG(成绩)平均成绩 FROM student s,score sc WHERE s.学号＝sc.学号 GROUP BY s.学号 HAVING COUNT(＊)≥5 ORDER BY 3 DESC,答案为 D。

34. A。【解析】查询同时选修课程号为 C1 和 C5 课程的学生的学号,OR 表示的是或者,所以 D 错误;其中学号和课程号不在一个表中,所以要进行嵌套查询,而不能使用"学号＝(…)"而要用 IN 连接,所以答案为 A。

35. A。【解析】其中"OR"表示"或者",而题中是"且"所以要用"AND",其中删除数据的格式为 DELETE FROM Table_name [Where Condition],所以答案为 A。

二、填空题

1. 顺序。【解析】要进行二分法查找有序线性表必须要求线性表是顺序排列的。

2. DEBFCA。【解析】中序遍历是先遍历左子树,然后遍历结点,最后遍历右子树。前序遍历是先遍历结点然后左子树,最后右子树。后序遍历是先遍历左子树,然后右子树,最后结点。

3. 软件。【解析】对于软件设计中的最小程序进行测试,叫软件驱动测试。

4. 主。【解析】本题考查实体完整性约束,实体完整性约束实际上就是要求元组的主属性不能为空。

5. D。【解析】本题考查的是数据库的的主码、外码之间的联系的基本知识,由题知关键字 D 为 A 的外码。

6. .F. 。【解析】EMPTY()判断是否为空字符串,如果是则返回.T.,而 NULL 表示的是空,但是在 EMPTY 函数中却不是空字符串,所以返回.F.。

7. 计算机考试。【解析】其意思表示的是连接两个字符,而科目包含的字段是"计算机"所以答案为"计算机考试"。

8. DO query1.qpr。【解析】在 Visual FoxPro 中要运行文件要使用命令 DO Name.扩展名。

9. 最高。【解析】本题考查简单的 SQL 语句。

10. THISFORM。【解析】考查基本的命令。表示当前表单使用的就是 THISFORM。

11. PRIMARY。【解析】说明主关键字是 PRIMARY KEY。

12. ON。【解析】将日期或日期时间数据中的年份用 4 位数表示,使用的命令为 SET CENTURY ON。

13. 主索引。【解析】当建立一对多的联系时,主表必须是主索引。

14. ShowWindow。【解析】当将表单定义为顶层表单时,设置 ShowWindow 属性可以实现。

15. 一对多。【解析】在使用报表向导创建报表时,数据源包含附表和子表,要选取一对多的报表向导进行创建。

第5章 上机考试试题答案与解析

 第1套 上机考试试题答案与解析

一、基本操作题

【考点指引】本题主要考查的知识点是：新建项目、将数据库添加到项目中、为表建立永久联系以及为表中字段设置有效性规则。

(1)【操作步骤】

选择【文件】→【新建】命令，选择"项目"，单击"新建文件"按钮，输入项目名称"供应"后单击"保存"按钮。

(2)【操作步骤】

在项目管理器中选择"数据"选项卡，然后选择列表框中的"数据库"，单击"添加"命令按钮，在"打开"对话框中选择数据库名"供应零件"，单击"确定"按钮，将数据库"供应零件"添加到新建的项目"供应"中。

(3)【操作步骤】

①在项目管理器中，选择数据库"供应零件"下的表"零件"，单击"修改"按钮，打开表设计器。

②在表设计器的"索引"选项卡的"索引名"中输入"零件号"，选择索引类型为"主索引"，索引表达式为"零件号"，单击"确定"按钮关闭表设计器并保存表"零件"结构。

③在项目管理器中，选择表"供应"，单击"修改"按钮，打开表设计器。

④在表设计器的"索引"选项卡的"索引名"中输入"零件号"，选择索引类型为"普通索引"，索引表达式为"零件号"，单击"确定"按钮关闭表设计器并保存表"供应"结构。

⑤在项目管理器中，选择数据库"供应零件"，单击"修改"按钮，打开数据库设计器。

⑥在数据库设计器中，将"零件"表中"索引"下面的"零件号"主索引字段拖到"供应"表中"索引"下面的"零件号"索引字段上，建立两个表之间的永久性联系。

(4)【操作步骤】

①在"数据库设计器"中，选择表"供应"，单击右键，在弹出的快捷菜单中选择"修改"，打开表设计器。

②单击"数量"字段，在"字段有效性"的"默认值"文本框中输入"数量>0.and.数量<9999"，单击"确定"按钮关闭表设计器并保存表"供应"结构。

二、简单应用题

【考点指引】本题主要考查的知识点是：用SQL语句创建查询、表单快捷菜单的建立以及如何通过表单调用菜单。

(1)【操作步骤】

在命令窗口中输入命令：

SELECT 供应.供应商号,供应.工程号,供应.数量;

FROM 零件,供应 WHERE 供应.零件号=零件.零件号;

AND 零件.颜色="红";

ORDER BY 供应.数量 desc;

INTO DBF supply_temp

(回车执行)

(2)【操作步骤】

①选择【文件】→【新建】命令，选择"菜单"，单击"新建文件"按钮，再单击"快捷菜单"按钮，打开菜单设计器，在"菜单名称"中输入"查询"、"修改"，在"结果"下拉列表框中选择"子菜单"，选择【菜单】→【生成】命令，将菜单保存为"menu_quick"，生成一个菜单文件。

②选择【文件】→【打开】命令，在"打开"对话框中的"文件类型"下拉列表框中选择"表单"，选择"myform"，单击"确定"按

钮,打开表单设计器。

③双击表单设计器空白处,在打开的对话框中的"过程"下拉列表框中选择"RightClick",并输入代码:do menu. mpr。

三、综合应用题

【考点指引】本题主要考查的知识点是:通过表单设计器创建表单、表单控件及其属性的修改和通过SQL语句实现查询。

【操作步骤】

①选择【文件】→【新建】命令,选择"表单",单击"新建文件"按钮打开表单设计器,在表单属性窗口中将Caption属性值修改为"零件供应情况";表单中添加一个表格控件Grid1,两个命令按钮控件Command1、Command2,一个标签控件Label1和一个文本框控件Text1。

②在表单属性窗口中将Label1、Command1、Command2的Caption属性值修改为"工程号"、"查询"、"退出"。

③双击"查询"命令按钮,在Click事件中输入代码:

Select 零件.零件名 as 零件名,零件.颜色 as 颜色,零件.重量 as 重量;

From 供应,零件;

Where 零件.零件号=供应.零件号 and 供应.工程号=thisform. text1. value;

Order By 零件名;

Into dbf pp

ThisForm. Grid1. RecordSource="pp"

④双击"退出"命令按钮,在Click事件中输入代码:

thisform. release

⑤选择【表单】→【执行表单】命令,系统首先要求保存该表单文件,在弹出的"另存为"对话框中输入表单文件名"mysupply",保存在考生文件夹下,然后运行表单。

 # 第2套　上机考试试题答案与解析

一、基本操作题

【考点指引】本题主要考查的知识点是:数据库的建立、向数据库中添加表、为表建立索引以及表间建立联系。

(1)【操作步骤】

选择【文件】→【新建】命令,选择"数据库",单击"新建文件"按钮,输入数据库名称"bookauth. DBC"后单击"保存"按钮。右击数据库设计器,弹出"添加表或视图"对话框,将表"books"和"authors"添加到数据库设计器中。

(2)【操作步骤】

①在项目管理器中,选择数据库"bookauth"下的表"authors",单击"修改"按钮,打开表设计器。

②在表设计器的"索引"选项卡的"索引名"中输入"PK",选择索引类型为"主索引",索引表达式为"作者编号",单击"确定"按钮关闭表设计器并保存表"authors"结构。

(3)【操作步骤】

①在项目管理器中,选择数据库"bookAuth"下的表"books",单击"修改"按钮,打开表设计器。

②在表设计器的"索引"选项卡的"索引名"中输入"PK",选择索引类型为"普通索引",索引表达式为"图书编号",单击"确定"按钮关闭表设计器并保存表"零件"结构。第二个索引的建立与步骤②相同,不再赘述。

二、简单应用题

【考点指引】本题主要考查的知识点是:SQL语句的使用、通过报表向导建立报表及菜单。

(1)【操作步骤】

在命令窗口中输入命令:

Creat Form Timer

(2)【操作步骤】

在表单中添加一个标签控件Label1,三个命令按钮控件Command1、Command2、Command3,一个时钟控件timer。

（3）【操作步骤】

在表单属性窗口中将 form1 的 Caption 属性值修改为"时钟"，Name 属性值修改为"timer"，Label1 的 Alignment 属性值修改为 2，选择【格式】→【对齐】→【水平居中】，将 Label1 设置为水平居中。在表单属性窗口中将 Command1、Command2、Command3 的 Caption 属性值为"暂停"、"继续"、"退出"。

（4）【操作步骤】

双击"暂停"命令按钮，在 Click 事件中输入代码：

ThisForm. Timer1. Interval＝0

双击"继续"命令按钮，在 Click 事件中输入代码：

ThisForm. Timer1. Interval＝500

双击"退出"命令按钮，在 Click 事件中输入代码：

ThisForm. Release

双击"计时器"命令按钮，在 Click 事件中输入代码：

ThisForm. Label1. Caption＝time()

三、综合应用题

【考点指引】本题主要考查的知识点是：SQL 语句的复制、修改和查询功能。

【操作步骤】

在命令窗口中依次输入以下代码，分别完成题目中各个要求。

（1）SELECT ＊ FROM books_BAK WHERE 书名 LIKE "％计算机％" INTO TABLE books_BAK

（2）UPDATE books_BAK SET 价格＝价格＊(1－0.05)

（3）SELECT TOP 1 books_BAK. 出版单位，AVG(books_BAK. 价格)AS 均价 FROM books_BAK GROUP BY books_BAK. 出版社 HAVING 均价＞＝25 ORER BY 2 INTO TABLE new_table4. dbf。

 第 3 套　上机考试试题答案与解析

一、基本操作题

【考点指引】本题考查的是：新建项目、在项目中建立数据库、向数据库添加自由表和查询的建立。

（1）【操作步骤】

选择【文件】→【新建】命令，选择"项目"，单击"新建文件"按钮，输入项目名称"图书管理"后单击"保存"按钮。

（2）【操作步骤】

在项目管理器中选择"数据"选项卡，然后选择列表框中的"数据库"，单击"新建"按钮，选择"新建数据库"，在"创建"对话框中输入数据库名"图书"，单击"保存"按钮。

（3）【操作步骤】

在"数据库设计器"中，单击右键选择"添加表"，在"打开"对话框中选择要添加入库的表，单击"确定"按钮将自由表添加到数据库"图书"中。

（4）【操作步骤】

①选择【文件】→【新建】命令，选择"查询"，进入"向导选取"窗口，选择"查询向导"，单击"确定"按钮。

②在"查询向导"对话框中，选择"数据库和表"下的"图书"表，并把"可用字段"下的全部字段添加到"选定字段"列表框中。

③单击"下一步"进入"筛选记录"，在"字段(I)"下拉列表框中选择"book. 价格"字段，在"条件"下拉列表框中选择"大于或等于"，在"值"文本框中输入"10"。

④单击"下一步"进入"排序记录"，将"可用字段"下的"book. 价格"字段添加到"选定字段"列表框中，并选择"降序"。

⑤单击"下一步"进入最后的"完成"设计界面，单击"完成"按钮保存查询为"book_qu"，退出查询设计向导。

二、简单应用题

【考点指引】本题考查的是：建立视图和在表单中设置表格控件的属性。

【操作步骤】

①选择【文件】→【打开】命令，选择"score_manager"数据库，右击数据库设计器空白处，在弹出的菜单中选择"新建本地视图"，选择"新建视图"，将表"student"、"score1"添加到弹出的"添加表或视图"对话框中。

②根据题意，在查询设计器的"字段"选项卡中，将"可用字段"列表框中的字段"student.学号"、"student.姓名"、"student.系部"添加到右边的"选定字段"列表框中；在"筛选"选项卡中，将"字段名"选项选择"score1.课程号"和"score1.成绩"，这两个字段分别选择和不选择"否"，"条件"选项都选择"is null"。

③关闭视图设计器并保存视图为"new_view"。

④选择【文件】→【新建】命令，选择"表单"，单击"新建文件"按钮打开表单设计器，添加一个组合框控件Grid1，右击组合框控件，在弹出的菜单中选择"生成器"，将course表的字段全部添加到Grid1中。在表单属性窗口中将Grid1的Name属性值修改为"grdcourse"，RecordScoure属性值修改为0。

⑤选择【表单】→【执行表单】命令，系统首先要求保存该表单文件，在弹出的"另存为"对话框中输入表单文件名"myform3"，保存在考生文件夹下，然后运行表单。

三、综合应用题

【考点指引】本题考查的是：表单的操作和应用，SQL语句的用法。

【操作步骤】

①选择【文件】→【新建】命令，选择"表单"，单击"新建文件"按钮打开表单设计器，在表单属性窗口中将Caption属性值修改为"使用零件情况统计"；Name属性值修改为"form_item"；表单中添加一个组合框控件Combo1，一个文本框控件Text1和两个命令按钮控件Command1、Command2。

②在表单属性窗口中将Command1、Command2的Caption属性值修改为"统计"、"退出"；Combe1的RowSource属性设置为a，Style属性设置为2。

③双击"Combe1"命令按钮，在form_item.Init中输入代码，设置组合框的数据源：

```
public a(3)
a(1)="s1";
a(2)="s2";
a(3)="s3";
```

④双击"查询"命令按钮，在Click事件中输入代码：

```
x=ALLT(THISFORM.Combo1.Value)
SELECT SUM(使用零件.数量 * 零件信息.单价)AS je;
FROM 使用零件,零件信息 ;
WHERE 使用零件.零件号 = 零件信息.零件号;
AND 使用零件.项目号 = x;
GROUP BY 使用零件.项目号;
INTO ARRAY b
THISFORM.Text1.Value=b
```

⑤双击"退出"命令按钮，在Click事件中输入代码：

```
THISFROM.Release
```

⑥选择【表单】→【执行表单】命令，系统首先要求保存该表单文件，在弹出的"另存为"对话框中输入表单文件名"form_item"，保存在考生文件夹下，然后运行表单。

第4套　上机考试试题答案与解析

一、基本操作题

【考点指引】本题考查利用SQL语句对表进行插入、删除、修改等操作和为菜单生成可执行的菜单程序。

(1)【操作步骤】

①在命令窗口中输入命令：MODI COMM one(回车执行)打开程序文件编辑窗口，在程序文件编辑窗口中输入以下程

序代码：

INSERT INTO 零件信息 VALUES("p7","PN7","1020")

关闭程序文件编辑窗口并保存程序文件。

②在命令窗口中输入命令：DO one(回车执行)执行程序文件。

（2）【操作步骤】

①在命令窗口中输入命令：MODI COMM two(回车执行)打开程序文件编辑窗口,在程序文件编辑窗口中输入以下程序代码：

DELETE FROM 零件信息 WHERE 单价＜600

关闭程序文件编辑窗口并保存程序文件。

②在命令窗口中输入命令：DO two(回车执行)执行程序文件。

（3）【操作步骤】

①在命令窗口中输入命令：MODI COMM three(回车执行)打开程序文件编辑窗口,在程序文件编辑窗口中输入以下程序代码：

UPDATE 零件信息 SET 单价＝1090 WHERE 零件号＝"p4"

关闭程序文件编辑窗口并保存程序文件。

② 命令窗口中输入命令：DO three(回车执行)执行程序文件。

（4）【操作步骤】

①选择【文件】→【打开】命令,在"打开"对话框的"文件类型"下拉列表框中选择"菜单",选择"mymenu.mnx",单击"确定"按钮,打开菜单设计器。

②选择【菜单】→【生成】命令,生成一个菜单文件"mymenu.mpr",关闭菜单设计窗口。

二、简单应用题

【考点指引】本题考查的是数据库的查询和视图的建立。

【操作步骤】

①在命令窗口输入命令代码：

create data order_m

选择【文件】→【新建】命令,新建"order_m"数据库,右击数据库设计器空白处,在弹出的菜单中,选择"添加表",将表"order"和"orderitem"添加到数据库设计器中;选择"新建本地视图",选择"新建视图",在弹出的"添加表或视图"对话框中,将表"order"和"orderitem"添加到视图设计器中。

②根据题意,在查询设计器的"字段"选项卡中,将"可用字段"列表框中的字段"order.订单号"、"order.签订日期"、"orderitem.数量"添加到右边的"选定字段"列表框中。

③在"筛选条件"选项卡中的"字段"、"条件"、"实例"中选择"orderitem.商品名"、"＝"、"a00002"。

④在"排序根据"选项卡中将"选定字段"列表框中的"order.订单号"字段添加到右边的"排序条件"中,在"排序选项"中选择"升序"。

⑤关闭查询设计器并保存查询为"viewone"。

⑥选择【文件】→【新建】命令,选择"查询",单击"新建文件"按钮打开查询设计器,将视图"viewone"添加到查询设计器中,选择【查询】→【查询去向】→【表】,保存表"tabletwo"。

三、综合应用题

【考点指引】本题考查的是新建表单,控件的添加和属性修改。

【操作步骤】

①选择【文件】→【新建】命令,选择"表单",单击"新建文件"按钮打开表单设计器,在表单属性窗口中将 Caption 属性值修改为"外汇持有情况",Name 属性值修改为"myrate"。

②在表单中添加一个选项组控件 optionalgroup1 和两个命令按钮控件 command1、command2,在表单属性窗口中将 optionalgroup1 的 ButtonCount 属性值修改为3,Name 属性值为 myoption,将 command1、command2 的 Caption 属性值修改为"查询"、"退出"。

③右击选项生成器控件,在弹出的菜单中选择"生成器",打开"选项生成器"对话框,在"按钮"选项卡中填写"日元"、"美

元"、"欧元"。

④双击"查询"命令按钮,在 Click 事件中输入代码:

```
If ThisForm. myOption. Value＝1
    Select 姓名,持有数量 from currency_sl,rate
    _exchange;
    where rate_exchange. 外币代码＝curren-
    cy_sl. 外币代码. and.
    rate_exchange. 外币名称＝"日元";
    into table rate_ry
else
    If ThisForm. myOption. Value＝2
    Select 姓名,持有数量 from currency_s1,
    rate_exchange;
    where rate_exchange. 外币代码＝
    currency_s1. 外币代码. and.
    rate_exchange. 外币名称＝"美元";
    into table rate_my
    else
    Select 姓名,持有数量 from currency_s1,
    rate_exchange;
    where rate_exchange. 外币代码＝
    currency_s1. 外币代码. and.
    rate_exchange. 外币名称＝"欧元";
    into table rate_oy
    endif
endif
```

⑤双击"退出"命令按钮,在 Click 事件中输入代码:

thisform. release

⑥右击表单设计器的空白处,在弹出的菜单中选择"数据环境",在弹出的"添加表或视图"对话框中,将 currency_s1、rate_exchange添加到数据环境设计器中。

⑦点击保存按钮,点击运行按钮运行表单。

 第5套　上机考试试题答案与解析

一、基本操作题

【考点指引】本题考查的是:向数据库中添加表、建立普通索引及主索引、建立表间联系、设定字段有效性规则和表单命令按钮的属性。

(1)**【操作步骤】**

在"数据库设计器"中,单击右键选择"添加表"命令,在"打开"对话框中选择表"rate_exchange",单击"确定"按钮,将自由表"rate_exchange"添加到数据库"rate"中。在"数据库设计器"中,单击右键选择"添加表"命令,在"打开"对话框中选择表"currency_s1",单击"确定"按钮将自由表"currency_s1"添加到数据库"rate"中。

(2)**【操作步骤】**

在数据库设计器中,选择表"rate_exchange",选择【数据库】→【修改】命令,打开表设计器修改表"rate_exchange"结构,在"rate_exchange"表设计器中的"索引"选项卡的"索引名"中输入"外币代码",选择索引类型为"主索引",索引表达式为"外币代码",单击"确定"按钮关闭表设计器并保存表"外币代码"结构。

（3）【操作步骤】

①在项目管理器中，依次展开"数据库"、"currency_s1"、"表"，选择"currency_s1"表，单击"修改"按钮，打开表设计器。

②在表设计器的"字段"选项卡中，选择"持有数量"字段，在"字段有效性"的"规则"文本框中输入"持有数量＜＞0"，"信息"编辑框中输入""单价在范围之外""，单击"确定"按钮关闭表设计器并保存表"商品"结构。

（4）【操作步骤】

①选择【文件】→【打开】命令，在"打开"对话框的"文件类型"下拉列表框中选择"表单"，选择"test_form"，单击"确定"按钮，打开表单设计器。

②在表单设计器中，选择"登录"命令按钮，在命令按钮属性窗口中将"Enabled"属性值修改为". T."，使其在运行时可使用，然后关闭表单设计器并保存表单"test_form"。

二、简单应用题

【考点指引】本题考查的是对 SQL 语句的掌握。

（1）【操作步骤】

①选择【文件】→【新建】命令，选择"文本文件"，单击"新建文件"按钮打开文件对话框，输入代码：

update 教师 set 新工资＝原工资 * 1.2 where 职称＝"教授"

update 教师 set 新工资＝原工资 where！（职称＝"教授"）

inse into 教师 Values("林红","讲师",10000,12000)

②选择【文件】→【保存】命令，在弹出的"另存为"对话框中输入表单文件名"teacher"，在命令窗口中输入代码：do teacher.txt。

（2）【操作步骤】

①选择【文件】→【新建】命令，选择"查询"，单击"新建文件"按钮打开查询设计器，弹出"添加表或视图"对话框，将表"课程"、"选课"、"学生"分别添加到查询设计器中，关闭"添加表或视图"对话框。

②在查询设计器中的"字段"选项卡中，将"可用字段"列表框中的"学生.姓名"、"学生.年龄"添加到右边的"选定字段"列表框中。

③在"筛选"选项卡中，选项"字段名"、"条件"、"实例"分别选择为"课程.课程名称"、"＝"、"英语"；"选课.成绩"">＝"70。

④在"排序依据"选项卡中，将选定字段列表框中的"学生.年龄"字段添加到右边的"排序条件"中，在"排序选项"中选择"升序"。

⑤选择【查询】→【查询去向】→【表】，保存表为"stud_temp"。

⑥选择【表单】→【执行查询】命令，系统首先要求保存该查询文件，在弹出的"另存为"对话框中输入查询文件名"stud"，保存在考生文件夹下，然后运行查询。

三、综合应用题

【考点指引】本题考查的是表单设计器属性的设置和 SQL 语句。

【操作步骤】

①选择【文件】→【打开】命令，选择 Ecommerce 数据库；打开数据库设计器，选择【文件】→【新建】命令，选择"报表"，在报表向导中选择 Customer，标题设置为"客户信息"，报表名为"myport"。

②选择【文件】→【新建】命令，选择"表单"，单击"新建文件"按钮打开表单设计器，在表单属性窗口中将 Caption 属性值修改为"客户基本信息"，Name 属性值修改为"myform"；在表单中添加 4 个命令按钮控件 Command1、Command2、Command3、Command4。

③在表单属性窗口中将 command1、command2、command3、command4 的 Caption 属性值修改为"女客户信息"、"客户购买商品情况"、"输出客户信息"、"退出"。

④双击"女客户信息"命令按钮，在 Click 事件中输入代码：

SELECT * FROM customer WHERE 性别 ＝ "女"。

⑤ 双击"客户购买商品情况"命令按钮，在 Click 事件中输入代码：

SELECT * FROM sb_view

⑥双击"退出"命令按钮，在 Click 事件中输入代码：

ThisForm. Release

⑦选择【表单】→【执行表单】命令,系统首先要求保存该表单文件,在弹出的"另存为"对话框中输入表单文件名"my-form",保存在考生文件夹下,然后运行表单。

 第6套　上机考试试题答案与解析

一、基本操作题

【考点指引】本题考查的是数据库中项目、自由表和关系的新建。

(1)【操作步骤】

选择【文件】→【新建】命令,选择"项目",单击"新建文件"按钮,输入项目名称"学生管理",然后单击"保存"按钮。

(2)【操作步骤】

在项目管理器中选择"数据"选项卡,然后选择列表框中的"数据库",单击"添加"命令按钮,在"打开"对话框中选择数据库名"学生",单击"确定"按钮,将数据库"图书借阅"添加到新建的项目"学生管理"中。

(3)【操作步骤】

①在数据库设计器中,选择表"教师",单击右键,在弹出的快捷菜单中选择"删除"命令,单击"移去"按钮,选择"是(Y)"将表"教师"从"学生"数据库中移除。

②选择【数据库】→【清理数据库】命令清理数据库。

(4)【操作步骤】

在数据库设计器中,将"学生"表中"索引"下面的"学号"主索引字段拖到"选课"表中"索引"下面的"学号"索引字段上,建立两个表之间的永久性联系。

二、简单应用题

【考点指引】本题考查的是使用查询设计器来设计视图和 SQL 查询语句。

(1)【操作步骤】

选择【文件】→【打开】命令,打开程序文件 temp. prg,修改程序代码,改正以后的代码如下:

SELECT 课程号 FROM 课程表 WHERE 课程名="数据结构" INTO ARRAY a

USE 教师表

STORE 0 TO sum

SCAN FOR 课程号=a AND 工资>=4000

sum=sum+1

ENDSCAN

? sum

运行程序文件。

(2)【操作步骤】

①选择【文件】→【打开】命令,打开"学校"数据库,右击数据库设计器空白处,选择"新建本地视图",选择"新建视图",弹出"添加表或视图"对话框,将"教师表"、"学院表"分别添加到数据库设计器中,关闭"添加表或视图"对话框。

②在视图设计器的"字段"选项卡中,将"可用字段"列表框中的字段"教师表.姓名"、"教师表.工资"、"学院表.系名"添加到右边的"选定字段"列表框中。

③在"筛选"选项卡中,选项"字段名称"、"条件"、"实例"分别选择"教师表.工资"、">="、4000。

④在"排序依据"选项卡中,将"选定字段"列表框中的"教师表.工资"、"学院表.系名"分别添加到右边的"排序条件"中,在"排序选项"中分别选择"降序"、"升序"。

⑤关闭视图设计器并保存视图为"teacher_v"。

三、综合应用题

【考点指引】本题考查表单控件的使用。

【操作步骤】

①选择【文件】→【新建】命令,选择"表单",单击"新建文件"按钮打开表单设计器,在表单属性窗口中将 Name 属性值修

改为"myform";表单中添加两个表格控件 Grid1、Grid2,将它们的 Name 属性值分别修改为 grd1 和 grd2。

②右击表单设计器的空白处,打开数据环境设计器,将 costumer 表和 order 表加入到数据库环境设计器。

③将表格控件的 RecordSource 属性值分别修改为"customer"和"order",单击 Width 属性值都修改为 130,Height 属性值同时修改为 180。

④右击表单设计器的空白处,在打开的对话框中输入 do mymenu. mpr。

⑤选择【文件】→【新建】命令,选择"菜单",单击"新建文件"按钮,单击"菜单",打开菜单设计器,在菜单设计器中填"退出",结果项选择"过程",单击"创建",在弹出的对话框中输入:

mymenu. realease

set sysmenu to defa

⑥选择工具栏的菜单选项,选择"生成"。

⑦选择【表单】→【执行表单】命令,系统首先要求保存该表单文件,在弹出的"另存为"对话框中输入表单文件名"mymenu",保存在考生文件夹下,然后运行表单。

 第7套　上机考试试题答案与解析

一、基本操作题

【考点指引】本题考查数据库中表的新建和控件滚动条的设置。

(1)【操作步骤】

选择【文件】→【打开】命令,选择"数据库",选择"SDB",打开数据库设计器。选择表"KSB",右击,在弹出的快捷菜单中选择"修改"命令,打开表设计器。单击"字段"选项卡,单击最后一行,输入字段名"备注","类型"为"字符","宽度"为"30"。

(2)【操作步骤】

在"KSCJB"表设计器的"字段"选项卡中,选择"成绩"字段,在"字段有效性"的"规则"文本框中输入"成绩>=0AND成绩<=150","默认值"文本框中输入"0",单击"确定"按钮关闭表设计器并保存表"KSCJB"结构。

(3)【操作步骤】

在数据库设计器中,将"KSB"表中"索引"下面的"考生号"主索引字段拖到"KSCJB"表中"索引"下面的"考生号"索引字段上,建立两个表之间的永久性联系;选择【数据库】→【清理数据库】命令清理数据库;右键单击"KSB"表和"KSCJB"表之间的关系线,在弹出的快捷菜单中选择"编辑参照完整性"命令,打开参照完整性生成器;单击"更新规则"选项卡,选择"级联";单击"删除规则"选项卡,选择"限制";单击"插入规则"选项卡,选择"忽略";单击"确定"按钮,保存参照完整性设置。

(4)【操作步骤】

选择【文件】→【新建】命令,选择"报表",单击"向导"按钮,选择"报表向导",选择"SDB"数据库下的"KSB"表,把全部"可用字段"添加到"选定字段"列表框中。连续单击"下一步"进入"选择报表样式",选择"随意式"。点击"下一步",设置"列数"为"1",在"字段布局"选项组中选择"列","方向"为"纵向"。点击"下一步",将"可用字段或索引标识"列表框中的"考生号"字段添加到"选定字段"列表框中,并选择"升序"。单击"下一步",在"报表标题"文本框中输入"考生成绩一览表"为报表添加标题,单击"完成"命令按钮,将报表以"ONF FRX"文件名保存在考生文件夹下。

二、简单应用题

【考点指引】本题考查 SQL 语句、报表的建立和 Visual FoxPro 中条形菜单的创建。

(1)【操作步骤】

①在命令窗口中输入代码:

SELECT 姓名,2003-Year(出生日期) as 年龄;

FROM student;

INTO TABLE new_table1. dbf

②选择【文件】→【新建】命令,选择"报表",单击"向导"按钮打开"报表向导"对话框,将 NEW TABLE1 的"可用字段"列表框中的全部字段添加到右边的"选定字段"列表框中。一直点击"下一步"按钮,在步骤5中,将可用字段"年龄"添加到右边的"选定字段"列表框中,并选择"升序",步骤6中,将标题修改为"姓名—年龄",保存报表文件为报表"new_report1"。

< 109 >

（2）【操作步骤】

选择【文件】→【新建】命令，选择"菜单"，单击"新建文件"按钮，打开菜单设计器，在"菜单名称"中输入"查询"，其他选项默认；在"菜单名称"中输入"退出"，在"结果"下拉列表框中选择"命令"，在"选项"中输入 set sysmenu to default，选择【菜单】→【生成】命令，生成菜单，保存为菜单"query_menu"。

三、综合应用题

【考点指引】本题考查表单的新建和 Click 事件的编写。

【操作步骤】

①在命令窗口中输入 CREATE FORM myform，创建一个表单。在表单中添加一个列表框控件 Grid1，两个命令按钮控件 Command1、Command2。

②在表单属性窗口中将 Command1、Command2 的 Caption 属性值修改为"生成表"、"退出"；List1 的 RowSourceType 属性值修改为 3。

③双击"生成表"命令按钮，在 Click 事件中输入代码：

SELECT 职工号，姓名，工资；

FROM 教师表，学院表；

WHERE 学院表．系号＝教师表．系号；

AND 系名＝ThisForm．List1．list(ThisForm．List1．listindex)；

ORDER BY 职工号

INTO TABLE ThisForm．List1．list(ThisForm．List1．listindex)

④双击"退出"命令按钮，在 Click 事件中输入代码：

ThisForm．Release

⑤选择【表单】→【执行表单】命令，运行表单。

第8套　上机考试试题答案与解析

一、基本操作题

【考点指引】本题考查数据库的新建、自由表的新建和完整性约束的设置。

（1）【操作步骤】

在项目管理器中选择"数据库"，单击"新建"按钮，选择"新建文件"，在"创建"对话框中输入数据库名"学生"，单击"保存"按钮。

（2）【操作步骤】

①选择【文件】→【打开】，在"打开"对话框的"文件类型"下拉列表框中选择"数据库"，选择"学生"，单击"确定"按钮，打开数据库设计器。

②在"数据库设计器"中单击鼠标右键选择"添加表"，在"打开"对话框中选择表"学生"，单击"确定"按钮，将自由表添加到数据库"学生"中。

③在"数据库设计器"中单击鼠标右键选择"添加表"，在"打开"对话框中选择表"选课"，单击"确定"按钮，将自由表添加到数据库"学生"中。

④在"数据库设计器"中单击鼠标右键选择"添加表"，在"打开"对话框中选择表"课程"，单击"确定"按钮，将自由表添加到数据库"学生"中。

（3）【操作步骤】

①在"学生"表上单击鼠标右键，选择"修改"，在打开的"表设计器"中选择"学号"字段，在单击"索引"选择"升序"，选择"索引"选项卡，在"类型"中选择"主索引"，单击"确定"按钮。

②在"选课"表上单击鼠标右键，选择"修改"，在打开的"表设计器"中选择"学号"字段，在单击"索引"选择"升序"，单击"确定"按钮。

（4）【操作步骤】

拖动学生中的"学号"索引与选课中的"学号"索引建立连接，单击连接线，在打开的"编辑关系"对话框中单击"参照完整性"，在打开的"参照完整性生成器"中选择"级联"，单击"插入规则"选项卡，选择"限制"，单击"确定"按钮。

二、简单应用题

【考点指引】本题考查按要求建立查询，新建数据库并按要求建立视图。

【操作步骤】

①选择【文件】→【新建】命令，选择"查询"，单击"新建文件"按钮打开查询设计器，弹出"添加表或视图"对话框，将表"chengji"、"xuesheng"分别添加到查询设计器中，关闭"添加表或视图"对话框。

②在查询设计器的"字段"选项卡中，将"可用字段"列表框中的字段"xuesheng.学号"、"xuesheng.姓名"、"chengji.数学"、"chengji.英语"、"chengji.信息技术"添加到右边的"选定字段"列表框中。

③在"筛选"选项卡中，"字段名称"下拉列表框中分别选择"chengji.数学"、"chengji.英语"、"chengji.信息技术"，"条件"下拉列表框中都选择"＞＝"，实例中都填入90。

④在"排序依据"选项卡中将"选定字段"列表框的"xuesheng.学号"添加到右边的"排序条件"中，在"排序选项"中选择"降序"。

⑤选择【查询】→【查询去向】→【表】命令，表名填入"table1"，点击"保存"按钮，在弹出的"另存为"对话框中输入"query1"，关闭查询设计器。

三、综合应用题

【考点指引】本题考查数据库中自由表的建立、视图的创建和VF的基本语句。

【操作步骤】

①选择【文件】→【打开】命令，选择"student"表，在数据库设计器中单击右键，在弹出的菜单中选择"添加表"，将"student"、"score"、"course"表添加到数据库中。

②在数据库设计器中单击右键，在弹出的菜单中选择"新建本地视图"，选择"新建视图"，打开视图设计器，将"student"表和"course"表添加到视图中。选择"字段"按钮，将student.学号、student.姓名、course.课程名称、score.成绩添加到视图中。单击"保存"按钮，在弹出的"另存为"对话框中输入表单文件名"viewsc"。

③选择【文件】→【新建】命令，选择"报表"，选择"报表向导"，将viewsc添加到报表中，修改报表样式为简报式，点击"保存"按钮，在弹出的"另存为"对话框中输入表单文件名"three"。

④选择【文件】→【打开】命令，打开表单"three"，在表单设计器中，双击"生成数据"命令按钮，在Click事件中输入代码：

SELECT ＊ FROM viewsc ORDER BY 学号，成绩 DESC INTO TABLE result

⑤双击"运行报表"命令按钮，在Click事件中输入代码：

Report Form three preview

⑥双击"退出"命令按钮，在Click事件中输入代码：

Thisform.Release

⑦选择【表单】→【执行表单】命令，运行表单。

 第9套　上机考试试题答案与解析

一、基本操作题

【考点指引】本题主要考查添加自由表、建立索引和设置字段默认值等基本操作，这些都可以在数据库设计器中完成。

(1)【操作步骤】

①选择【文件】→【打开】命令，在"打开"对话框的"文件类型"下拉列表框中选择"数据库"，选择"图书借阅.dbc"，单击"确定"按钮，打开数据库设计器。

②在"数据库设计器"中，单击右键选择"添加表"命令，在"打开"对话框中选择表"图书信息"，单击"确定"按钮将自由表"图书信息"添加到数据库"图书借阅"中。

(2)【操作步骤】

在数据库设计器中，选择表"读者信息"，选择【数据库】→【修改】命令，打开表设计器修改表"读者信息"结构，在"读者信息"表设计器的"索引"选项卡的"索引名"中输入"借书证号"，选择索引类型为"主索引"，索引表达式为"借书证号"，单击"确定"按钮关闭表设计器并保存表"读者信息"结构。

(3)【操作步骤】

在数据库设计器中,选择表"图书信息",选择【数据库】→【修改】命令,打开表设计器修改表"图书信息"结构,在"图书信息"表设计器的"索引"选项卡的"索引名"中输入"条码号",选择索引类型为"普通索引",索引表达式为"条码号"。

(4)【操作步骤】

在"图书信息"表设计器的"字段"选项卡中,选择"作者"字段,单击"NULL"列按钮,即允许空值,单击"确定"按钮关闭表设计器并保存表"图书信息"结构。

二、简单应用题

【考点指引】本题考查 SQL SELECT 语句的用法和一对多报表向导的使用,按向导提示逐步操作即可。

(1)【操作步骤】

①在命令窗口中输入命令:MODI COMM cx1(回车执行)打开程序文件编辑窗口,在程序文件编辑窗口中输入以下程序代码:

SELECT * INTO TABLE result FROM 学生 WHERE 学号 IN (SELECT 学号 FROM 成绩 GROUP BY 学号 HAVING COUNT(*) >=3) ORDER BY 学号

关闭程序文件编辑窗口并保存程序文件。

②在命令窗口中输入命令:DO cx1(回车执行)执行程序文件。

(2)【操作步骤】

①选择【文件】→【新建】命令,选择"报表",单击"向导"按钮打开"向导选取"窗口,选择"一对多报表向导",单击"确定"按钮进入"一对多报表向导"对话框。

②在"一对多报表向导"对话框中,选择"数据库和表"列表框中的"学生"作为父表,从"可用字段"列表框中将"学号"和"姓名"字段添加到右边的"选定字段"列表框中,用作为父表的可用字段。

③单击"下一步"设计子表的可用字段,选择"数据库和表"列表框中的"成绩"作为子表,从"可用字段"列表框中的"课程编号"和"成绩"字段添加到"选定字段"列表框中。

④单击"下一步"进入"为表建立关系"的设计界面,在此处系统已经默认设置好进行关联的字段:父表的"学号"和子表的"学号"字段。

⑤单击"下一步"进入"排序记录"的设计界面,将"可用字段或索引标识"列表框中的"学号"字段添加到右边的"选定字段"列表框中,并选择"升序"单选项。

⑥单击"下一步"进入"选择报表样式"的界面,在"样式"列表框中选择"账务式",在"方向"选项组中选择"横向"。

⑦单击"下一步",进入最后的"完成"设计界面,在"报表标题"文本框中输入"学生成绩浏览"为报表添加标题,单击"完成"命令按钮,在系统弹出的"保存为"对话框中,将报表以"rpt1"文件名保存在考生文件夹下,退出报表设计向导。

三、综合应用题

【考点指引】本题主要考查视图和表单的建立及表格控件、页框的使用,重点是表格控件数据源的设置。

【操作步骤】

①选择【文件】→【打开】命令,在"打开"对话框的"文件类型"下拉列表框中选择"数据库",选择"销售.dbc",单击"确定"按钮,打开数据库设计器。

②选择【文件】→【新建】命令,选择"视图",单击"新建文件"按钮打开"添加表或视图"对话框,选择"表"单选项,选择数据库"销售",分别将数据库中的表"业绩"、"地区"和"商品信息"添加到视图设计器中,系统会自动选择关联字段"地区编号"为表"业绩"和"地区"建立内部联系,选择关联字段"商品编号"为表"业绩"和"商品信息"建立内部联系,单击"确定"按钮关闭"联接条件"对话框,然后关闭"添加表或视图"对话框。

③在视图设计器中单击"字段"选项卡,将"可用字段"列表框中的"地区名称"、"商品名称"和"销量"字段添加到右边的"选定字段"列表框中。

④在视图设计器中单击"联接"选项卡,在第一行的"逻辑"下拉列表框中选择"AND"。

⑤在视图设计器中单击"关闭"按钮,将视图文件以"view1"名称保存。

⑥选择【文件】→【新建】命令,选择"表单",单击"新建文件"按钮打开表单设计

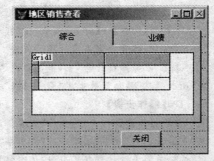

图 9-1

< 112 >

器,在表单属性窗口中将 Caption 属性值修改为"地区销售查看",单击表单控件工具栏上的"页框"控件图标,为表单添加一个页框 PageFrame1,单击表单控件工具栏上的"命令按钮"控件图标,为表单添加一个命令按钮 Command1,单击表单控件工具栏上的"表格"控件图标,再添加一个表格控件 Grid1。

⑦选择页框 PageFrame1,在页框属性窗口中修改"PageCount"属性值为"2",选择页框 PageFrame1,单击右键,在弹出的快捷菜单中选择"编辑",单击"Page1",在页框属性窗口中修改"Caption"属性值为"综合";单击"Page2",在页框属性窗口中修改"Caption"属性值为"业绩",如图 9-1 所示。

⑧选择命令按钮,在按钮属性窗口中将命令按钮的 Caption 属性值修改为"关闭"。双击"关闭"命令按钮,在 Click 事件中输入代码:ThisForm. Release,用来关闭表单。

⑨在表单设计器中,鼠标右键单击表单空白处,在弹出的快捷菜单中选择"数据环境"命令,打开表单的数据环境,选择数据库"销售",将数据表"业绩"添加到数据环境中,再"选定""视图",将视图"view1"添加到数据环境中。

⑩选择页框 PageFrame1,在页框属性窗口中双击"Click Event"打开 Click 事件过程代码编辑窗口,输入以下代码:

```
ThisForm. Grid1. ColumnCount=—1
DO CASE
    CASE ThisForm. PageFrame1. Activepage=1
        ThisForm. Grid1. RecordSourceType=1
        ThisForm. Grid1. RecordSource= "view1"
    CASE ThisForm. PageFrame1. Activepage=2
        ThisForm. Grid1. RecordSourceType=0
        ThisForm. Grid1. RecordSource= "业绩"
ENDCASE
ThisForm. Grid1. Refresh
```

⑪选择【表单】→【执行表单】命令,系统首先要求保存该表单文件,在弹出的"另存为"对话框中输入表单文件名"bd1",保存在考生文件夹下,然后运行表单。

 第10套　上机考试试题答案与解析

一、基本操作题

【考点指引】本题主要考查项目添加数据库、数据库添加自由表、建立表间关联等基本操作,这些都可以在数据库设计器中完成。

(1)【操作步骤】

选择【文件】→【新建】命令,选择"项目",单击"新建文件"按钮,输入项目名称"xm"后单击"保存"按钮。

(2)【操作步骤】

在项目管理器中选择"数据"选项卡,然后选择列表框中的"数据库",单击"添加"按钮,在"打开"对话框中选择数据库名"学生管理",单击"确定"按钮将数据库"学生管理"添加到新建的项目"xm"中。

(3)【操作步骤】

①选择【文件】→【打开】命令,在"打开"对话框的"文件类型"下拉列表框中选择"数据库",选择"学生管理. dbc",单击"确定"按钮,打开数据库设计器。

②在"数据库设计器"中,单击右键选择"添加表",在"打开"对话框中选择表"学生",单击"确定"按钮将自由表"学生"添加到数据库"学生管理"中。

(4)【操作步骤】

在数据库设计器中,将"学生"表中"索引"下面的"学号"主索引字段拖到"成绩"表中"索引"下面的"学号"索引字段上,建立两个表之间的永久性联系。

二、简单应用题

【考点指引】本题中的第 1 小题考查菜单和子菜单的设计及菜单过程代码的编写;第 2 小题考查简单编程,主要考查 SQL SELECT 语句的使用。

(1)【操作步骤】

①选择【文件】→【新建】命令,选择"菜单",单击"新建文件"按钮,再单击"菜单"按钮,打开菜单设计器,在"菜单名称"中输入"数据管理",在"结果"下拉列表框中选择"子菜单",单击"创建"按钮创建"数据管理"子菜单。

②输入子菜单名称"数据查询",在"结果"下拉列表框中选择"过程",单击"创建"按钮创建"数据查询"子菜单过程,在菜单过程代码编辑窗口中输入以下代码:

OPEN DATABASE 学生管理

SELECT * FROM 学生

CLOSE DATABASE

关闭菜单过程代码编辑窗口回到菜单设计器。

③在菜单设计器左边的"菜单级"下拉列表框中选择"菜单栏"返回到主菜单设计画面,单击下一行,输入菜单名称"文件",在"结果"下拉列表框中选择"子菜单",单击"创建"按钮创建"文件"子菜单。

④输入子菜单名称"保存",单击下一行,输入子菜单名称"关闭",在"结果"下拉列表框中选择"命令",在右边的"命令"文本框中编写程序代码:SET SYSMENU TO DEFAULT。

⑤选择【菜单】→【生成】命令,将菜单保存为"cd1",生成一个菜单文件"cd1.mpr"。关闭菜单设计窗口,在命令窗口输入命令:DO cd1.mpr 运行菜单。

(2)【操作步骤】

①在命令窗口中输入命令:MODI COMM cx1(回车执行),打开程序文件编辑窗口,在程序文件编辑窗口中输入以下代码:

SELECT 学生.*,成绩 INTO TABLE result FROM 学生,课程,成绩 WHERE 学生.学号=成绩.学号 AND 课程.课程编号=成绩.课程编号 AND 成绩<=80 AND 课程名称="计算机基础" ORDER BY 学生.学号

关闭程序文件编辑窗口并保存程序文件。

②在命令窗口中输入命令:DO cx1(回车执行),执行程序文件。

三、综合应用题

【考点指引】 本题主要考查视图和表单的建立及表格控件、选项组的使用,重点是表格控件数据源的设置。

【操作步骤】

①选择【文件】→【新建】命令,选择"表单",单击"新建文件"按钮打开表单设计器,单击表单控件工具栏上的"选项按钮组"控件图标,为表单添加一个选项按钮组 OptionGroup1,单击表单控件工具栏上的"命令按钮"控件图标,为表单添加两个命令按钮 Command1 和 Command2。

②选择选项按钮组 OptionGroup1,单击右键,在弹出的快捷菜单中选择"生成器"打开选项按钮组生成器对话框,单击"按钮"选项卡,设置按钮的数目为3,在"标题"列下修改三个按钮的标题分别为"职员工资表"、"部门表"和"部门工资汇总表",单击"确定"按钮关闭命令组生成器对话框。

③分别选择两个命令按钮,在按钮属性窗口中将命令按钮 Command1 的 Caption 属性值修改为"生成",将命令按钮 Command2 的 Caption 属性值修改为"关闭",如图 10-1 所示。双击"关闭"命令按钮,在 Click 事件中输入代码:ThisForm.Release,用来关闭表单。

④在表单设计器中,鼠标右键单击表单空白处,在弹出的快捷菜单中选择"数据环境"命令,打开表单的数据环境,选择数据库"公司",将数据表文件"部门"和"工资"添加到数据环境中。再选定视图"view1",将视图"view1"添加到数据环境中。

图 10-1

⑤双击"生成"命令按钮,在 Click 事件中输入代码:

```
DO CASE
   CASE ThisForm.OptionGroup1.value=1
      SELECT * FROM view1
      SELECT * INTO TABLE view1 FROM view1
   CASE ThisForm.OptionGroup1.value=2
```

SELECT * FROM 部门

SELECT * INTO TABLE bm1 FROM 部门

CASE ThisForm. OptionGroup1. value=3

SELECT 部门.部门编号,部门名称,SUM(基本工资) AS 基本工资,SUM(补贴) AS 补贴,SUM(奖励) AS 奖励,SUM(保险) AS 保险,SUM(所得税) AS 所得税 INTO TABLE hz1 FROM 部门,工资 WHERE 部门.部门编号=工资.部门编号 GROUP BY 部门.部门编号 ORDER BY 部门.部门编号

SELECT * FROM hz1

ENDCASE

⑥选择【表单】→【执行表单】命令,系统首先要求保存该表单文件,在弹出的"另存为"对话框中输入表单文件名"bd1",保存在考生文件夹下,然后运行表单。

 第11套　上机考试试题答案与解析

一、基本操作题

【考点指引】本题主要考查新建项目、添加数据库到项目中、使用查询向导建立查询等基本操作。

(1)【操作步骤】

选择【文件】→【新建】命令,选择"项目",单击"新建文件"按钮,输入项目名称"xm"后,单击"保存"按钮。

(2)【操作步骤】

在项目管理器中选择"数据"选项卡,然后选择列表框中的"数据库",单击"添加"按钮,在"打开"对话框中选择数据库名"team",单击"确定"按钮,将数据库"team"添加到新建的项目"xm"中。

(3)【操作步骤】

①选择【文件】→【新建】命令,选择"查询",进入"向导选取"窗口,选择"查询向导",单击"确定"按钮。

②在"查询向导"对话框中,选择"数据库和表"下的"积分"表,并把"可用字段"下的全部字段添加到"选定字段"列表框中。

③单击"下一步"进入"筛选记录",在"字段(I)"下拉列表框中选择"积分.积分"字段,在"条件"下拉列表框中选择"大于或等于",在"值"文本框中输入"30"。

④单击"下一步"进入"排序记录",将"可用字段"下的"积分.胜场"字段添加到"选定字段"列表框中,并选择"降序"。

⑤单击"下一步"进入最后的"完成"设计界面,单击"完成"按钮保存查询为"qry1",退出查询设计向导。

(4)【操作步骤】

①在命令窗口中输入命令:SELECT * FROM 积分 WHERE 负场>6(回车执行)

②在考生文件夹下新建文本文件"result1.txt",将输入的命令保存到文本文件"result1.txt"中。

二、简单应用题

【考点指引】本题的第1小题考查视图创建的基本步骤;第2小题考查表单向导的使用,注意按向导提示逐步操作即可。

(1)【操作步骤】

①选择【文件】→【打开】命令,在"打开"对话框中的"文件类型"下拉列表框中选择"数据库",选择"成绩管理.dbc",单击"确定"按钮,打开数据库设计器。

②选择【文件】→【新建】命令,选择"视图",单击"新建文件"按钮打开"添加表或视图"对话框,选择"表"单选项,选择"成绩管理"数据库中的表"student",单击"添加"按钮,将数据表"student"添加到视图设计器中,然后关闭"添加表或视图"对话框。

③在视图设计器中单击"字段"选项卡,单击"全部添加"按钮,将"可用字段"列表框中的字段全部添加到右边的"选定字段"列表框中。

④在视图设计器中单击"排序依据"选项卡,在"排序依据"选项卡的"字段名"下拉列表框中选择"年龄"字段,单击"添加"按钮,将"年龄"字段添加到右边的"排序条件"列表框中,在"排序条件"中选择"降序"单选项;再选择"学号"字段,单击"添加"按钮,将"学号"字段添加到右边的"排序条件"列表框中,在"排序条件"中选择"升序"单选项。

⑤在视图设计器中单击"关闭"按钮,将视图文件以"view1"名保存。

(2)【操作步骤】

①选择【文件】→【新建】命令,选择"表单",单击"向导"按钮,在弹出的"向导选取"窗口中选择"表单向导",单击"确定"

按钮。

②在"表单向导"窗口中选择"score"数据表,将"可用字段"下的全部字段添加到"选定字段"列表框中,单击"下一步"按钮。

③在"样式"列表框中选择"彩色式","按钮类型"选择"图片按钮",单击"下一步"按钮。

④在"可用的字段或索引标识"列表框中选择"学号"添加到"选定字段"列表框中,选择"升序",单击"下一步"按钮。

⑤输入表单标题为"成绩浏览",单击"完成"按钮,输入表单名称"bd1"并保存退出。

三、综合应用题

【考点指引】本题主要考查 SQL SELECT 代码的编写,重点是分组命令 GROUP BY、求最小值函数 MIN 和求和函数 SUM 的使用。

【操作步骤】

①在命令窗口中输入命令:MODI COMM cx1(回车执行),打开程序文件编辑窗口,在程序文件编辑窗口中输入以下程序代码:

SELECT * INTO TABLE order_d2 FROM order_d

SELECT MIN(订单编号) AS 新订单号,商品编号,SUM(数量 * 单价)/SUM(数量) AS 单价,SUM(数量) AS 数量 INTO TABLE order_d3 FROM order_d2 GROUP BY 商品编号 ORDER BY 新订单号,商品编号

关闭程序文件编辑窗口并保存程序文件。

②在命令窗口中输入命令:DO cx1(回车执行),执行程序文件。

第 12 套   上机考试试题答案与解析

一、基本操作题

【考点指引】本题主要考查建立自由表、使用 INSERT 语句插入记录、使用表单向导建立表单等基本操作。

(1)【操作步骤】

选择【文件】→【新建】命令,选择"表",单击"新建文件"按钮,在弹出的"创建"对话框中输入表名"car",单击"保存"按钮进入表设计器,根据题意输入表结构内容,单击"确定"按钮保存表。

(2)【操作步骤】

①在命令窗口中输入命令:

INSERT INTO car VALUES ("桑塔纳","上海大众",120000,"上海")

②在考生文件夹下新建文本文件"result1.txt",将输入的命令保存到文本文件"result1.txt"中。

(3)【操作步骤】

①选择【文件】→【新建】命令,选择"表单",单击"向导"按钮,在弹出的"向导选取"窗口中选择"表单向导",单击"确定"按钮。

②在"表单向导"对话框的"数据库和表"列表框中选择"car"表,将"可用字段"下的全部字段添加到"选定字段"列表框中,单击"下一步"按钮。

③在"样式"列表框中选择"边框式","按钮类型"选择"文本按钮",单击"下一步"按钮。

④单击"下一步"按钮,输入表单标题为"汽车信息",单击"完成"按钮,输入表单名称"bd1"并保存退出。

(4)【操作步骤】

①选择【文件】→【打开】命令,在"打开"对话框的"文件类型"下拉列表框中选择"项目",选择"xm.pjx",单击"确定"按钮,打开项目管理器。

②在项目管理器中选择"文档"选项卡,选择列表框中的"表单",单击"添加"按钮,在"打开"对话框中选择"bd1.scx",单击"确定"按钮,将表单"bd1"添加到新建的项目"xm"中。

二、简单应用题

【考点指引】本题的第 1 小题考查报表向导的使用,按向导提示逐步操作即可;第 2 小题中考查表单的简单设计。

(1)【操作步骤】

①选择【文件】→【新建】命令,选择"报表",单击"向导"按钮,打开"向导选取"窗口,选择"报表向导",单击"确定"按钮进

< 116 >

入"报表向导"对话框。

②在"报表向导"对话框中,选择"数据库和表"下的"读者信息"表,并把全部"可用字段"添加到"选定字段"列表框中。

③连续单击"下一步"进入"选择报表样式"的界面,在"样式"列表框中选择"经营式"。

④单击"下一步"进入"定义报表布局",设置"列数"为"3",字段布局选择"列","方向"为"纵向"。

⑤单击"下一步"进入"排序记录"的设计界面,将"可用字段或索引标识"列表框中的"借书证号"字段添加到右边的"选定字段"列表框中,并选择"升序"单选项。

⑥单击"下一步",进入最后的"完成"设计界面,在"报表标题"文本框中输入"读者信息表"为报表添加标题,单击"完成"按钮,在系统弹出的"另存为"对话框中,将报表以"rpt1"文件名保存在考生文件夹下,退出报表设计向导。

（2）【操作步骤】

①选择【文件】→【新建】命令,选择"表单",单击"新建文件"按钮打开表单设计器,在表单属性窗口中将 Caption 属性值修改为"图书信息",单击表单控件工具栏上的"命令按钮"控件图标,为表单添加一个命令按钮 Command1。

②在按钮属性窗口中将命令按钮 Command1 的 Caption 属性值修改为"关闭"。双击命令按钮,在 Click 事件中输入代码:ThisForm. Release,用来关闭表单。

③在表单设计器中,用鼠标右键单击表单空白处,在弹出的快捷菜单中选择"数据环境"命令,打开表单的数据环境,将数据表文件"图书信息"添加到数据环境中,将数据环境中的"图书信息"表拖放到表单中,可看到在表单中出现一个表格控件,此时已实现了"图书信息"表的窗口式输入界面。

④选择【表单】→【执行表单】命令,系统首先要求保存该表单文件,在弹出的"另存为"对话框中输入表单文件名"bd2",保存在考生文件夹下,然后运行表单。

三、综合应用题

【考点指引】本题主要考查表单的设计及文本框、表格控件的使用,重点是命令按钮事件代码的编写和表格数据源的设置。

【操作步骤】

①选择【文件】→【新建】命令,选择"表单",单击"新建文件"按钮打开表单设计器,将 Caption 属性值修改为"外汇账户查询",单击表单控件工具栏上的"标签"控件图标,为表单添加一个标签 Label1,单击表单控件工具栏上的"文本框"控件图标,为表单添加 1 文本框 Text1,单击表单控件工具栏上的"命令按钮"控件图标,为表单添加两个命令按钮 Command1、Command2,单击表单控件工具栏上的"表格"控件图标,再添加一个表格控件,如图 12-1 所示。

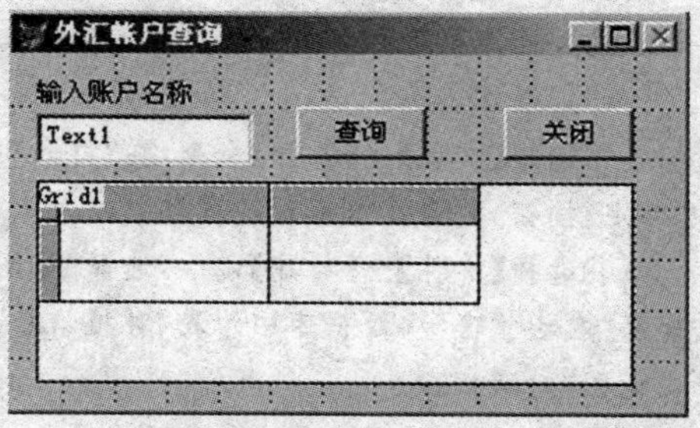

②选择标签 Label1,在标签属性窗口中将标签 Label1 的 Caption 属性值修改为"输入账户名称";分别选择两个命令按钮,在按钮属性窗口中将命令按钮 Command1 的 Caption 属性值修改为"查询";将命令按钮 Command2 的 Caption 属性值修改为"关闭"。双击"关闭"命令按钮,在 Click 事件中输入代码:ThisForm. Release,用来关闭表单。

③双击"查询"命令按钮,在 Click 事件中输入代码:

aa＝ThisForm. Text1. Value

SELECT 货币名称,数量,买入价 INTO TABLE &aa FROM 外汇账户,货币代码 WHERE 外汇账户.货币代码＝货币代码.货币代码 AND 账户＝aa ORDER BY 数量

ThisForm. Grid1. RecordSourceType＝0

ThisForm. Grid1. RecordSource＝aa

ThisForm. Grid1. Refresh

图 12-1

④选择【表单】→【执行表单】命令,系统首先要求保存该表单文件,在弹出的"另存为"对话框中输入表单文件名"bd3",保存在考生文件夹下,然后运行表单。

第13套　上机考试试题答案与解析

一、基本操作题

【考点指引】本题主要考查项目管理器的基本操作,包括新建项目、新建数据库、添加自由表和建立索引,这些操作都可在项目管理器中完成。

(1)【操作步骤】

选择【文件】→【新建】命令,选择"项目",单击"新建文件"按钮,输入项目名称"xm"后,单击"保存"按钮。

(2)【操作步骤】

在项目管理器中选择"数据"选项卡,然后选择列表框中的"数据库",单击"新建"命令按钮,选择"新建数据库",在"创建"对话框中输入数据库名"DB1",单击"保存"按钮将新建数据库"DB1"添加到新建的项目"xm"中。

(3)【操作步骤】

在"数据库设计器"中,单击右键选择"添加表"命令,在"打开"对话框中选择表"销售",单击"确定"按钮将自由表"销售"添加到数据库"DB1"中。

(4)【操作步骤】

在数据库设计器中,选择表"销售",选择【数据库】→【修改】命令,打开表设计器修改表"销售"结构,在"销售"表设计器中的"索引"选项卡的"索引名"中输入"公司编号",选择索引类型为"普通索引",索引表达式为"公司编号",单击"确定"按钮,关闭表设计器并保存表"销售"结构。

二、简单应用题

【考点指引】本题的第1小题主要考查菜单及子菜单的创建;第2小题主要考查视图的创建。

(1)【操作步骤】

①选择【文件】→【新建】命令,选择"菜单",单击"新建文件"按钮,再单击"菜单"按钮,打开菜单设计器,在"菜单名称"中输入"浏览",在"结果"下拉列表框中选择"子菜单",单击"创建"按钮创建"浏览"子菜单,输入子菜单名称"排序结果",单击下一行,输入子菜单名称"分组结果"。

②在菜单设计器右上角的"菜单级"下拉列表框下选择"菜单栏"返回到上一级菜单,单击下一行,在"菜单名称"中输入"关闭",在"结果"下拉列表框中选择"命令",在右边的文本框中输入:SET SYSMENU TO DEFAULT。

③关闭菜单设计器并保存菜单为"cd1"。

(2)【操作步骤】

①选择【文件】→【打开】命令,在"打开"对话框的"文件类型"下拉列表框中选择"数据库",选择"农场管理.dbc",单击"确定"按钮,打开数据库设计器。

②选择【文件】→【新建】命令,选择"视图",单击"新建文件"按钮,打开"添加表或视图"对话框,选择"表"单选项,选择数据库"农场管理"和数据库中的表"种植信息",单击"添加"按钮将数据表"种植信息"添加到视图设计器中,然后关闭"添加表或视图"对话框。

③在视图设计器中单击"字段"选项卡,单击"全部添加"按钮,将"可用字段"列表框中的字段全部添加到右边的"选定字段"列表框中。

④在"函数和表达式"下的文本框输入"(市场价－种植成本)＊数量 AS 收入"并将其添加到右边的"选定字段"列表框中。

⑤在视图设计器中单击"排序依据"选项卡,在"排序依据"选项卡的"字段名"下拉列表框中选择"(市场价－种植成本)＊数量 AS 收入"字段,单击"添加"按钮,将"(市场价－种植成本)＊数量 AS 收入"字段添加到右边的"排序条件"列表框中,在"排序条件"中选择"升序"单选项。

⑥在视图设计器中单击"关闭"按钮,将视图文件以"view1"名保存。

三、综合应用题

【考点指引】本题考查表单设计,主要考查组合框、文本框、表格和命令按钮控件的使用,重点是表格数据源的设置。

【操作步骤】

①选择【文件】→【新建】命令,选择"表单",单击"新建文件"按钮打开表单设计器,在表单属性窗口中将"Caption"属性值

修改为"零件使用情况查询"。单击表单控件工具栏上的"标签"控件图标,为表单添加一个标签 Label1,单击表单控件工具栏上的"组合框"控件图标,为表单添加一个组合框 Combo1,单击表单控件工具栏上的"文本框"控件图标,为表单添加一个文本框 Text1,单击表单控件工具栏上的"命令按钮"控件图标,为表单添加两个命令按钮 Command1 和 Command2。

②选择标签 Label1,在标签属性窗口中将标签 Label1 的 Caption 属性值修改为"零件编号";分别选择命令按钮,在按钮属性窗口中将命令按钮 Command1 的 Caption 属性值修改为"查询",命令按钮 Command2 的 Caption 属性值修改为"关闭",如图 13-1 所示。双击"关闭"命令按钮,在 Click 事件中输入代码:ThisForm. Release,用来关闭表单。

③选择表格控件"Grid1",在表格控件属性窗口中将"RecordSource"属性值修改为"""",将"RecordSourceType"属性值修改为"1"。

④选择组合框,在组合框属性窗口中,双击"Init Event",打开 Init 事件代码编辑窗口,输入以下代码:

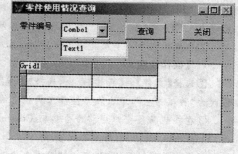

ThisForm. Combo1. AddItem("000001")

ThisForm. Combo1. AddItem("000002")

ThisForm. Combo1. AddItem("000003")

ThisForm. Combo1. AddItem("000004")

ThisForm. Combo1. AddItem("000005")

图 13-1

⑤双击"查询"命令按钮,在 Click 事件中输入以下代码:

SELECT 规格 INTO ARRAY a FROM 零件 WHERE 零件编号＝ThisForm. Combo1. displayvalue

ThisForm. text1. value＝a(1)

SELECT * INTO CURSOR tmp FROM 产品清单 WHERE 零件编号＝ThisForm. Combo1. displayvalue

ThisForm. Grid1. RecordSourceType＝0

ThisForm. Grid1. RecordSource＝"tmp"

ThisForm. Grid1. ReFresh

⑥选择【表单】→【执行表单】命令,系统首先要求保存该表单文件,在弹出的"另存为"对话框中输入表单文件名"bd1",保存在考生文件夹下,然后运行表单。

第14套　上机考试试题答案与解析

一、基本操作题

【考点指引】本题主要考查移除数据库、新建自由表、添加自由表和删除表等基本操作。

(1)【操作步骤】

①选择【文件】→【打开】命令,在"打开"对话框的"文件类型"下拉列表框中选择"项目",选择"xm. pjx",单击"确定"按钮,打开项目管理器。

②在项目管理器中,选择数据库"图书借阅",单击"移去"按钮,再在弹出的对话框中单击"移去"按钮,将"图书借阅"数据库从项目中移除。

(2)【操作步骤】

在项目管理器中选择"数据"选项卡,然后选择列表框中的"自由表",单击"新建"按钮,选择"新建表",在"创建"对话框中输入表名"学生",单击"保存"进入表设计器,根据题意输入表结构内容,单击"学生"按钮保存表。

(3)【操作步骤】

①选择【文件】→【打开】命令,在"打开"对话框的"文件类型"下拉列表框中选择"数据库",选择"图书借阅. dbc",选择"独占",单击"确定"按钮,打开数据库设计器。

②在"数据库设计器"中,单击右键选择"添加表"命令,在"打开"对话框中选择表"学生",单击"确定"按钮,将自由表"学生"添加到数据库"图书借阅"中。

(4)【操作步骤】

①在数据库设计器中,选择表"图书借阅",单击右键选择"删除"命令,在弹出的对话框中单击"删除"按钮,表"图书借阅"从"图书借阅"数据库中移除并将其从磁盘上删除。

②选择【数据库】→【清理数据库】命令清理数据库。

二、简单应用题

【考点指引】本题的第 1 小题考查 SQL SELECT 语句的用法,这里还要用到 ORDER BY 和 INTO TABLE 子句;第 2 小题主要考查表单的创建。

(1)【操作步骤】

①在命令窗口中输入命令:

SELECT 种植品种,市场价,种植成本,数量,(市场价－种植成本)＊数量 AS 净收入 INTO TABLE 净收入 FROM 种植信息 ORDER BY 净收入,种植品种(回车执行)

②在考生文件夹下新建文本文件"result. txt",将输入的命令保存到文本文件"result. txt"中。

(2)【操作步骤】

①选择【文件】→【新建】命令,选择"表单",单击"新建文件"按钮打开表单设计器,在表单属性窗口中将 Caption 属性值修改为"种植信息",单击表单控件工具栏上的"命令按钮"控件图标,为表单添加一个命令按钮 Command1。

②在按钮属性窗口中将命令按钮 Command1 的 Caption 属性值修改为"关闭"。双击命令按钮,在 Click 事件中输入代码:ThisForm. Release,用来关闭表单。

③在表单设计器中,鼠标右键单击表单空白处,在弹出的快捷菜单中选择"数据环境"命令,打开表单的数据环境,将数据表文件"种植信息"添加到数据环境中,将数据环境中的"种植信息"表拖放到表单中,可看到在表单中出现一个表格控件,实现了"种植信息"表的窗口式输入界面。

④选择【表单】→【执行表单】命令,系统首先要求保存该表单文件,在弹出的"另存为"对话框中输入表单文件名"bd1",保存在考生文件夹下,然后运行表单。

三、综合应用题

【考点指引】本题主要考查数据库编程,这里要用到 GROUP BY 分组命令和 SUM 求和函数及 UPDATE 修改命令。

【操作步骤】

①在命令窗口中输入命令:MODI COMM cx1(回车执行)打开程序文件编辑窗口,在程序文件编辑窗口中输入以下程序代码:

```
SELECT 订单编号,SUM(数量＊单价) INTO ARRAY aa FROM order_d GROUP BY 订单编号
FOR i＝1 TO ALEN(aa)/2
    UPDATE order_m SET 总金额＝aa(i,2) WHERE 订单编号＝aa(i,1)
NEXT
SELECT ＊ INTO TABLE result2 FROM order_m ORDER BY 总金额 DESC
```

关闭程序文件编辑窗口并保存程序文件。

②在命令窗口中输入命令:DO cx1(回车执行)执行程序文件。

第 15 套　上机考试试题答案与解析

一、基本操作题

【考点指引】本题主要考查项目管理器的基本操作,包括添加数据库、添加自由表、修改表结构,这些都可以在项目管理器中完成。

(1)【操作步骤】

选择【文件】→【新建】命令,选择"项目",单击"新建文件"按钮,输入项目名称"xm"后,单击"保存"按钮。

(2)【操作步骤】

在项目管理器中选择"数据"选项卡,然后选择列表框中的"数据库",单击"添加"按钮,在"打开"对话框中选择数据库"职员管理",单击"确定"按钮,将数据库"职员管理"添加到新建的项目"xm"中。

(3)【操作步骤】

在项目管理器中,展开"数据库",再展开"职员管理",选择"表"分支,单击"添加"按钮,在"打开"对话框中选择数据表"员工信息",单击"确定"按钮将表"员工信息"添加到数据库"职员管理"中。

(4)【操作步骤】

①在项目管理器中,依次展开"数据库"、"职员管理"、"表",选择"员工信息"表,单击"修改"按钮,打开表设计器。

②在"表设计器"中,单击"字段"选项卡,选择字段名"年龄",单击"删除"按钮删除字段"年龄",单击"确定"按钮关闭表设计器并保存表"员工信息"结构。

二、简单应用题

【考点指引】本题的第1小题考查 SQL SELECT 语句的使用;第2小题考查顶层表单的设计,重点是在顶层表单中调用下拉式菜单的基本步骤。

(1)【操作步骤】

①在命令窗口中输入命令:MODI COMM cx1(回车执行),打开程序文件编辑窗口,在程序文件编辑窗口中输入以下程序代码:

SELECT 书名,作者,价格 INTO TABLE result FROM 图书信息 WHERE 条码号 IN (SELECT 条码号 FROM 图书借阅,读者信息 WHERE 图书借阅.借书证号=读者信息.借书证号 AND 姓名="读者丙") ORDER BY 价格 DESC

关闭程序文件编辑窗口并保存程序文件。

②在命令窗口中输入命令:DO cx1(回车执行),执行程序文件。

(2)【操作步骤】

①选择【文件】→【新建】命令,选择"表单",单击"新建文件"按钮打开表单设计器,在表单属性窗口中将"ShowWindow"属性值修改为"2"。

②在表单属性窗口中双击"Init Event",打开 Init 事件代码编辑窗口,输入以下过程代码:

DO cd1. mpr WITH This, "cd1"

③在表单属性窗口中双击"Destroy Event",打开 Destroy 事件代码编辑窗口,输入以下过程代码:

RELEASE MENU cd1

④选择【表单】→【执行表单】命令,系统首先要求保存该表单文件,在弹出的"另存为"对话框中输入表单文件名"bd1",保存在考生文件夹下,然后运行表单。

三、综合应用题

【考点指引】本题考查表单设计,主要考查选项组、命令按钮控件的使用,重点是命令按钮事件代码的编写。

【操作步骤】

①选择【文件】→【新建】命令,选择"表单",单击"新建文件"按钮打开表单设计器,在表单属性窗口中将 Caption 属性值修改为"外汇持有情况";单击表单控件工具栏上的"选项按钮组"控件图标,为表单添加一个选项按钮组 OptionGroup1,单击表单控件工具栏上的"命令按钮"控件图标,为表单添加两个命令按钮 Command1 和 Command2。

②选择选项按钮组 OptionGroup1,单击右键,在弹出的菜单中选择"生成器",打开选项按钮组生成器对话框,单击"按钮"选项卡,设置按钮的数目为3,在"标题"列下修改三个按钮的标题分别为"美元"、"英镑"和"港元",单击"确定"按钮,关闭命令组生成器对话框。

③分别选择两个命令按钮,在按钮属性窗口中将命令按钮 Command1 的 Caption 属性值修改为"统计",将命令按钮 Command2 的 Caption 属性值修改为"关闭",如图 15-1 所示。双击"关闭"命令按钮,在 Click 事件中输入代码:ThisForm. Release,用来关闭表单。

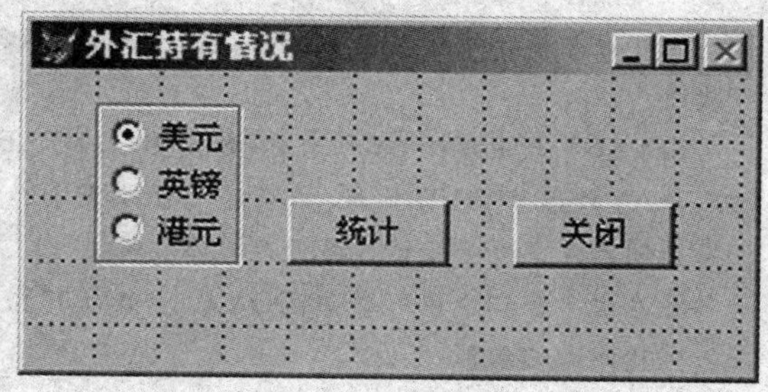

图 15-1

④双击"统计"命令按钮,在 Click 事件中输入代码:

```
DO CASE
  CASE ThisForm. OptionGroup1. value=1
    SELECT 账户,数量 INTO TABLE tbl_usd FROM 外汇账户 WHERE 货币代码="USD"
  CASE ThisForm. OptionGroup1. value=2
    SELECT 账户,数量 INTO TABLE tbl_gpb FROM 外汇账户 WHERE 货币代码="GPB"
  CASE ThisForm. OptionGroup1. value=3
    SELECT 账户,数量 INTO TABLE tbl_hkd FROM 外汇账户 WHERE 货币代码="HKD"
```

< 121 >

END CASE

⑤选择【表单】→【执行表单】命令,系统首先要求保存该表单文件,在弹出的"另存为"对话框中输入表单文件名"bd2",保存在考生文件夹下,然后运行表单,并分别统计"美元"、"英镑"和"港元"的持有数量。

 第 16 套　上机考试试题答案与解析

一、基本操作题

【考点指引】本题主要考查项目管理器的基本操作,包括添加数据库、使用视图向导建立视图、设置完整性约束等,这些都可以在项目管理器中完成。

(1)【操作步骤】

①选择【文件】→【新建】命令,选择"项目",单击"新建文件"按钮,输入项目名称"xm"后单击"保存"按钮。

②在项目管理器中选择"数据"选项卡,然后选择列表框中的"数据库",单击"添加"命令按钮,在"打开"对话框中选择数据库"职员管理",单击"确定"按钮将数据库"职员管理"添加到新建的项目"xm"中。

(2)【操作步骤】

①在"数据"选项卡中,展开数据库"职员管理",选择"职员管理"分支下的"本地视图"。

②单击项目管理器右边的"新建"命令按钮,在弹出的"新建本地视图"对话框中,单击"视图向导"按钮,在"本地视图向导"对话框中,选择"职员管理"数据库下的"部门"数据表,并把"可用字段"下的全部字段添加到"选定字段"列表框中。

③连续单击"下一步"进入"排序记录"的设计界面,将"可用字段"列表框中的"部门.部门编号"字段添加到右边的"选定字段"列表框中,并选择"升序"单选项。

④连续单击"下一步"进入最后的"完成"设计界面,单击"完成"按钮,保存视图为"view1",退出视图设计向导。

(3)【操作步骤】

①在项目管理器中,依次展开"数据库"、"职员管理"、"表",选择"员工信息"表,单击"修改"按钮,打开表设计器。

②在"员工信息"表设计器的"字段"选项卡下,选择"性别"字段,在"字段有效性"的"默认值"文本框中输入""男""。

(4)【操作步骤】

在"员工信息"表设计器中的"字段"选项卡下,选择"工资"字段,在"字段有效性"的"规则"编辑框中输入"工资≥800","信息"编辑框中输入""工资必须达到最低保障线 800 元"",单击"确定"按钮,关闭表设计器并保存表"员工信息"结构。

二、简单应用题

【考点指引】本题的第 1 小题考查 SQL SELECT 语句的用法;第 2 小题考查快捷菜单的创建和调用。

(1)【操作步骤】

①在命令窗口中输入命令:MODI COMM cx1(回车执行),打开程序文件编辑窗口,在程序文件编辑窗口中输入以下程序代码:

SELECT 产品编号,零件名称,数量 INTO TABLE result1 FROM 零件,产品清单 WHERE 零件.零件编号=产品清单.零件编号 AND 颜色="黑色" ORDER BY 数量 DESC

关闭程序文件编辑窗口并保存程序文件。

②在命令窗口中输入命令:DO cx1(回车执行),执行程序文件。

(2)【操作步骤】

①选择【文件】→【新建】命令,选择【菜单】,单击"新建文件"按钮,单击【快捷菜单】,打开菜单设计器,在"菜单名称"中输入"查询",单击下一行,在"菜单名称"中输入"修改"。

②选择【菜单】→【生成】命令,将菜单保存为"cd1",生成一个菜单文件"cd1.mpr"。关闭菜单设计器。

③选择【文件】→【打开】命令,在"打开"对话框的"文件类型"下拉列表框中选择"表单",选择"bd1.scx",单击"确定"按钮,打开表单设计器。

④在表单属性窗口中双击"RightClick Event",打开事件代码编辑窗口,输入代码:DO cd1.mpr。

⑤关闭表单设计器并保存表单。

三、综合应用题

【考点指引】本题主要考查菜单的设计,重点是菜单过程代码的编写,这里要用到数组、UPDATE 语句和 GROUP BY 分组语句。

【操作步骤】

①选择【文件】→【新建】命令,选择"菜单",单击"新建文件"按钮,再单击"菜单"按钮,打开菜单设计器,在"菜单名称"中输入"计算",在"结果"下拉列表框中选择"过程",单击"创建"按钮创建"计算"菜单过程,在菜单过程代码编辑窗口中输入以下代码:

```
SELECT * INTO ARRAY aa FROM 加班费
FOR i=1 TO ALEN(aa)/2
    UPDATE 加班登记 SET 加班费=加班次数 * aa(i,2) WHERE 加班类型=aa(i,1)
NEXT
SELECT 员工信息.职工编号,姓名,SUM(加班费) AS 加班费 INTO TABLE result2 FROM 员工信息,加班登记
WHERE 员工信息.职工编号=加班登记.职工编号 GROUP BY 员工信息.职工编号 ORDER BY 加班费 DESC,员工
信息.职工编号
```

关闭菜单过程代码编辑窗口回到菜单设计器。

②单击下一行,输入菜单名称"关闭",在"结果"下拉列表框中选择"命令",在右边的"命令"文本框中编写程序代码:SET SYSMENU TO DEFAULT。

③选择【菜单】→【生成】命令,将菜单保存为"cd2",生成一个菜单文件"cd2 mpr"。关闭菜单设计窗口,在命令窗口中输入命令:DO cd2. mpr,执行"计算"菜单程序。

第17套　上机考试试题答案与解析

一、基本操作题

【考点指引】本题主要考查数据库设计器的基本操作,包括索引创建、建立表间联系和设置完整性约束,这些都可以在数据库设计器中完成。

(1)**【操作步骤】**

①选择【文件】→【打开】命令,在"打开"对话框的"文件类型"下拉列表框中选择"数据库",选择"职员管理.dbc",单击"确定"按钮,打开数据库设计器。

②在数据库设计器中,选择表"员工信息",选择【数据库】→【修改】命令,打开表设计器修改表"员工信息"结构,在"员工信息"表设计器的"索引"选项卡的"索引名"中输入"职工编号",选择索引类型为"主索引",索引表达式为"职工编号",单击"确定"按钮关闭表设计器并保存表"员工信息"结构。

(2)**【操作步骤】**

在数据库设计器中,选择表"工资",选择【数据库】→【修改】命令,打开表设计器修改表"工资"结构,在"工资"表设计器中的"索引"选项卡的"索引名"中输入"部门编号",选择索引类型为"普通索引",索引表达式为"部门编号",单击"确定"按钮关闭表设计器并保存表"工资"结构。

(3)**【操作步骤】**

在数据库设计器中,将"员工信息"表中"索引"下面的"职工编号"主索引字段拖曳到"工资"表中"索引"下面的"职工编号"索引字段上,建立两个表之间的永久性联系。

(4)**【操作步骤】**

①在数据库设计器中,选择【数据库】→【清理数据库】命令清理数据库。

②右键单击"员工信息"表和"工资"表之间的关系线,在弹出的快捷菜单中选择"编辑参照完整性"命令,打开参照完整性生成器。

③单击"更新规则"选项卡,选择"限制";单击"删除规则"选项卡,选择"级联";单击"插入规则"选项卡,选择"忽略"。

④单击"确定"按钮,保存参照完整性设置。

二、简单应用题

【考点指引】本题的第1小题考查 Timer 控件的使用,重点是 Interval 属性的设置。第2小题考查查询的创建和使用。

(1)**【操作步骤】**

①选择【文件】→【新建】命令,选择"表单",单击"新建文件"按钮打开表单设计器,在表单属性窗口中将 Caption 属性值

修改为"时钟"，将 Name 属性值修改为"Timer"，单击表单控件工具栏上的"标签"控件图标，为表单添加一个标签 Label1；单击表单控件工具栏上的"命令按钮"控件图标，为表单添加三个命令按钮 Command1、Command2 和 Command3；单击表单控件工具栏上的"计时器"控件图标，为表单添加一个计时器 Timer1。

　　②分别选择三个命令按钮，在按钮属性窗口中将命令按钮 Command1 的 Caption 属性值修改为"暂停"，将命令按钮 Command2 的 Caption 属性值修改为"继续"，将命令按钮 Command3 的 Caption 属性值修改为"关闭"，如图 17-1 所示。双击"关闭"命令按钮，在 Click 事件中输入代码：ThisForm. Release，用来关闭表单。

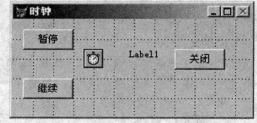

图 17-1

　　③选择计时器 Timer1，在计时器属性窗口中将"Interval"属性值修改为"1000"，双击"Timer Event"，打开 Timer 事件代码编辑窗口，输入代码：ThisForm. Label1. Caption＝TIME( )。

　　④双击"暂停"命令按钮，在 Click 事件中输入代码：ThisForm. Timer1. interval＝0。

　　⑤双击"继续"命令按钮，在 Click 事件中输入代码：ThisForm. Timer1. interval＝1000。

　　⑥选择【表单】→【执行表单】命令，系统首先要求保存该表单文件，在弹出的"另存为"对话框中输入表单文件名"timer"，保存在考生文件夹下，然后运行表单。

　　(2)【操作步骤】

　　①选择【文件】→【新建】命令，选择"查询"，单击"新建文件"按钮，在"打开"对话框中选择表"货币代码"，单击"确定"按钮，将表"货币代码"添加到查询设计器中。

　　②在"添加表或视图"对话框中单击"其他"按钮，在"打开"对话框中选择表"外汇账户"，单击"确定"按钮，将表"外汇账户"添加到查询设计器中，这时系统会自动为这两个表建立内部联接，联接字段为两个表的"货币代码"字段，单击"确定"按钮关闭"联接条件"对话框，再单击"关闭"按钮关闭"添加表或视图"对话框。

　　③在查询设计器中的"字段"选项卡下分别将字段"账户"、"货币名称"、"数量"、"买入价"添加到"选定字段"列表框中；在"函数和表达式"下的文本框中输入"买入价＊数量"并添加到"选定字段"列表框中。

　　④单击"排序依据"选项卡，将"选定字段"列表框中的"账户"添加到"排序条件"列表框中，"排序选项"选择"升序"；再将"选定字段"列表框中的"数量"添加到"排序条件"列表框中，"排序选项"选择"降序"。

　　⑤最后选择【查询】→【查询去向】命令，打开"查询去向"对话框，在对话框中选择"表"，在"表名"文本框中输入用来保存查询结果的数据表文件名"result"。

　　⑥关闭查询设计器并保存查询为"qry1"。

　　⑦在命令窗口中输入命令：DO qry1. qpr，(回车执行查询)。

三、综合应用题

【考点指引】本题主要考查报表向导的使用及表单的创建，重点是视图的使用和报表的调用。

　　(1)【操作步骤】

　　①选择【文件】→【新建】命令，选择"报表"，单击"向导"按钮，打开"向导选取"窗口，选择"报表向导"，单击"确定"按钮，进入"报表向导"对话框。

　　②在"报表向导"对话框中，选择"学生管理"数据库下的"学生"数据表，并把全部"可用字段"添加到"选定字段"列表框中。

　　③连续单击"下一步"，进入"选择报表样式"的界面，在"样式"列表框中选择"随意式"。

　　④连续单击"下一步"，进入"排序记录"的设计界面，将"可用字段或索引标识"列表框中的"学号"字段添加到右边的"选定字段"列表框中，并选择"升序"单选项。

　　⑤单击"下一步"，进入最后的"完成"设计界面，在"报表标题"文本框中输入"学生信息一览表"为报表添加标题，单击"完成"命令按钮，在系统弹出的"另存为"对话框中，将报表以"bb1"文件名保存在考生文件夹下，退出报表设计向导。

　　(2)【操作步骤】

　　①选择【文件】→【新建】命令，选择"表单"，单击"新建文件"按钮，打开表单设计器，单击表单控件工具栏上的"命令按钮"控件图标，为表单添加两个命令按钮 Command1 和 Command2。

②在按钮属性窗口中将命令按钮 Command1 的 Caption 属性值修改为"浏览",将命令按钮 Command2 的 Caption 属性值修改为"打印"。

③双击"浏览"命令按钮,在 Click 事件中输入代码:

OPEN DATABASE 学生管理

SELECT * FROM 学生

④双击"打印"命令按钮,在 Click 事件中输入代码:REPORT FORM bb1 PREVIEW。

⑤选择【表单】→【执行表单】命令,系统首先要求保存该表单文件,在弹出的"另存为"对话框中输入表单文件名"bd2",保存在考生文件夹下,然后运行表单。

第18套 上机考试试题答案与解析

一、基本操作题

【考点指引】本题主要考查数据库的建立、添加自由表、视图的建立和索引的创建等基本操作。

(1)【操作步骤】

选择【文件】→【新建】命令,选择"数据库",单击"新建文件"按钮,在"创建"对话框中输入数据库名"学生",单击"保存"按钮,将新建数据库"学生"保存到考生文件夹下。

(2)【操作步骤】

在"数据库设计器"中,单击右键选择"添加表",在"打开"对话框中选择表"student",单击"确定"按钮,将自由表"student"添加到数据库"学生"中,同理,将自由表"score"添加到数据库"学生"中。

(3)【操作步骤】

①在"数据库设计器"中单击右键,选择"新建本地视图",选择"新建视图",打开"添加表或视图"对话框,选择"表"单选项,选择数据库"学生"和数据库中的表"score",单击"添加"按钮将数据表 score 添加到视图设计器中,然后关闭"添加表或视图"对话框。

②在视图设计器中单击"字段"选项卡,单击"全部添加"按钮,将"可用字段"列表框中的字段全部添加到右边的"选定字段"列表框中。

③在视图设计器中单击"关闭"按钮,将视图文件以"view1"名保存在考生文件夹下。

(4)【操作步骤】

在数据库设计器中,选择表"student",选择【数据库】→【修改】命令,打开表设计器修改表"student"结构,在"student"表设计器的"索引"选项卡的"索引名"中输入"学号",选择索引类型为"主索引",索引表达式为"学号",单击"确定"按钮,关闭表设计器并保存表"student"结构。

二、简单应用题

【考点指引】本题的第1小题考查菜单及子菜单的设计过程;第2小题考查 DO CASE 语句的用法。

(1)【操作步骤】

①选择【文件】→【新建】命令,选择"菜单",单击"新建文件"按钮,再单击"菜单"按钮,打开菜单设计器,在"菜单名称"中输入"成绩统计",在"结果"下拉列表框中选择"子菜单",单击"创建"按钮创建"成绩统计"子菜单。

②输入子菜单名称"学生平均成绩",在"结果"下拉列表框中选择"过程",单击"创建"按钮创建"学生平均成绩"过程代码,在过程代码编辑窗口中输入以下代码:

SELECT 学号,AVG(成绩) AS 平均成绩 FROM 成绩 GROUP BY 学号

关闭过程代码编辑窗口。

③单击下一行,输入子菜单名称"课程平均成绩",在"结果"下拉列表框中选择"过程",单击"创建"按钮,创建"课程平均成绩"过程代码,在过程代码编辑窗口中输入以下代码:

SELECT 课程编号,AVG(成绩) AS 平均成绩 FROM 成绩 GROUP BY 课程编号

关闭过程代码编辑窗口。

④单击下一行,输入子菜单名称"关闭",在"结果"下拉列表框中选择"命令",在右边的文本框中输入命令:

SET SYSMENU TO DEFAULT

⑤选择【菜单】→【生成】命令，将菜单保存为"cd1"，生成一个菜单文件"cd1 mpr"。关闭菜单设计窗口，在命令窗口中输入命令：DO cd1.mpr，看到 Visual FoxPro 的菜单栏被新建的菜单所代替，单击"关闭"菜单命令将恢复系统菜单。

(2)【操作步骤】

①在命令窗口中输入命令：MODI COMM cx2（回车执行），打开程序文件编辑窗口，在程序文件编辑窗口中输入以下程序代码：

```
SET TALK OFF
CLEAR
INPUT "请输入考试成绩:" TO cj
DO CASE
    CASE cj>=90
        Dj="优秀"
    CASE cj>=80
        Dj="良好"
    CASE cj>=60
        Dj="及格"
    OTHERWISE
        Dj="不及格"
ENDCASE
?? "成绩等级为:"+Dj
SET TALK ON
```

关闭程序文件编辑窗口并保存程序文件。

②在命令窗口中输入命令：DO cx2（回车执行），执行程序文件。

三、综合应用题

【考点指引】本题主要考查表单的设计及组合框、文本框、表格和命令按钮等控件的使用，重点是表格的数据源设置。

【操作步骤】

①选择【文件】→【新建】命令，选择"表单"，单击"新建文件"按钮打开表单设计器，在表单属性窗口中将"Caption"属性值修改为"图书信息浏览"。单击表单控件工具栏上的"组合框"控件图标，为表单添加一个组合框 Combo1，单击表单控件工具栏上的"标签"控件图标，为表单添加三个标签 Label1、Label2 和 Label3，单击表单控件工具栏上的"文本框"控件图标，为表单添加三个文本框 Text1、Text2 和 Text3，单击表单控件工具栏上的"命令按钮"控件图标，为表单添加一个命令按钮 Command1。

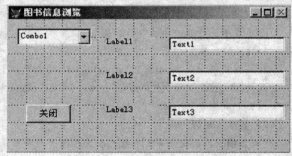

图 18-1

②选择命令按钮，在按钮属性窗口中将命令按钮 Command1 的 Caption 属性值修改为"关闭"，如图 18-1 所示。双击命令按钮，在 Click 事件中输入代码：ThisForm.Release，用来关闭表单。

③选择组合框，在组合框属性窗口中，双击"Init Event"，打开 Init 事件代码编辑窗口，输入以下过程代码：

```
USE 图书信息
ThisForm.Label1.Caption=FIELD(1)
ThisForm.Label2.Caption=FIELD(3)
ThisForm.Label3.Caption=FIELD(4)
GO TOP
DO WHILE .NOT. EOF()
    ThisForm.Combo1.AddItem(书名)
    SKIP
```

ENDDO

USE

④选择组合框,在组合框属性窗口中,双击"Click Event",打开 Click 事件代码编辑窗口,输入以下过程代码:

SELECT * INTO ARRAY aa FROM 图书信息 WHERE 书名＝ThisForm.Combo1.displayvalue

ThisForm.text1.value＝aa(1)

ThisForm.text2.value＝aa(3)

ThisForm.text3.value＝aa(4)

⑤选择【表单】→【执行表单】命令,系统首先要求保存该表单文件,在弹出的"另存为"对话框中输入表单文件名"bd1",保存在考生文件夹下,然后运行表单。

 ## 第19套　上机考试试题答案与解析

一、基本操作题

【考点指引】本题主要考查项目管理器的操作,包括项目的建立、添加数据库、添加表单和表单的修改等。

(1)【操作步骤】

选择【文件】→【新建】命令,选择"项目",单击"新建文件"按钮,输入项目名称"xm"后,单击"保存"按钮。

(2)【操作步骤】

在项目管理器中选择"数据"选项卡,然后选择列表框中的"数据库",单击"添加"按钮,系统弹出"打开"对话框,将考生文件夹下的数据库"订货管理"添加到新建的项目"xm"中。

(3)【操作步骤】

在项目管理器中选择"文档"选项卡,选择列表框中的"表单",单击"添加"按钮,在"打开"对话框中选择"bd1.scx",单击"确定"按钮,将表单"bd1"添加到新建的项目"xm"中。

(4)【操作步骤】

①在项目管理器中选择"文档"选项卡,展开列表框中的"表单",选择"bd1",单击选项卡右边的"修改"命令按钮,打开表单设计器。

②在表单设计器中,选择命令按钮,按键盘上的"Delete"键将其删除,关闭表单设计器并保存表单"bd1"。

二、简单应用题

【考点指引】本题的第1小题考查报表向导的使用,按向导的提示步骤逐步操作即可;第2小题考查视图的设计,这里要用 SQL 语句来实现。

(1)【操作步骤】

①选择【文件】→【新建】命令,选择"报表",单击"向导"按钮打开"向导选取"窗口,选择"报表向导",单击"确定"按钮进入"报表向导"对话框。

②在"报表向导"对话框中,选择"订货管理"数据库下的"客户"数据表,并把全部"可用字段"添加到"选定字段"列表框中。

③连续单击"下一步"进入"选择报表样式"的界面,在"样式"列表框中选择"随意式"。

④单击"下一步"进入"定义报表布局",设置"列数"为"1",在"字段布局"选项组中选择"列","方向"为"纵向"。

⑤单击"下一步"进入"排序记录"的设计界面,将"可用字段或索引标识"列表框中的"客户编号"字段添加到右边的"选定字段"列表框中,并选择"升序"单选项。

⑥单击"下一步",进入最后的"完成"设计界面,在"报表标题"文本框中输入"客户信息一览表"为报表添加标题,单击"完成"命令按钮,在系统弹出的"另存为"对话框中,将报表以"bb1"文件名保存在考生文件夹下,退出报表设计向导。

(2)【操作步骤】

①在命令窗口中输入命令:MODI COMM view1(回车执行),打开程序文件编辑窗口,在程序文件编辑窗口中输入以下程序代码:

OPEN DATABASE 订货管理.dbc

CREATE VIEW view1 AS SELECT 客户.客户编号,客户名称,商品名称,价格,数量,价格 * 数量 AS 金额 FROM 客户，商品信息，order_m，order_d WHERE order_m.订单编号＝order_d.订单编号 AND order_d.商品编号＝商品信息.商品编号 AND order_m.客户编号＝客户.客户编号 ORDER BY 客户.客户编号

关闭程序文件编辑窗口并保存程序文件。

②在命令窗口中输入命令：DO view1（回车执行），执行程序文件创建视图 view1。

三、综合应用题

【考点指引】本题主要考查表单的建立及表格控件的使用，重点是按钮 Click 事件过程代码的编写，这里是利用 SQL 语句实现查询功能。

【操作步骤】

①选择【文件】→【新建】命令，选择"表单"，单击"新建文件"按钮打开表单设计器，在表单属性窗口中将"Caption"属性值修改为"客户基本信息"，单击表单控件工具栏上的"命令按钮"控件图标，为表单添加 4 个命令按钮 Command1、Command2、Command3 和 Command4。

②分别选择 4 个命令按钮，在按钮属性窗口中将命令按钮 Command1 的 Caption 属性值修改为"客户信息"，将命令按钮 Command2 的 Caption 属性值修改为"客户购买商品情况"，将命令按钮 Command3 的 Caption 属性值修改为"输出客户信息"，将命令按钮 Command4 的 Caption 属性值修改为"关闭"，如图 19-1 所示。双击"关闭"命令按钮，在 Click 事件中输入代码：ThisForm. Release，用来关闭表单。

图 19-1

③双击"客户信息"命令按钮，在 Click 事件中输入代码：SELECT * FROM 客户

④双击"客户购买商品情况"命令按钮，在 Click 事件中输入代码：

OPEN DATABASE 订货管理.dbc

　SELECT * FROM view1

⑤双击"输出客户信息"命令按钮，在 Click 事件中输入代码：REPORT FORM bb1 PREVIEW

⑥选择【表单】→【执行表单】命令，系统首先要求保存该表单文件，在弹出的"另存为"对话框中输入表单文件名"bd2"，保存在考生文件夹下，然后运行表单。

第 20 套　上机考试试题答案与解析

一、基本操作题

【考点指引】本题主要考查数据库设计器的基本操作，包括添加自由表、创建索引、建立表间联系和设置有效性规则等，这些都可以在数据库设计器中完成。

（1）【操作步骤】

①选择【文件】→【打开】命令，在"打开"对话框的"文件类型"下拉列表框中选择"数据库"，选择"订货管理.dbc"，单击"确定"按钮，打开数据库设计器。

②在"数据库设计器"中，单击右键选择"添加表"，在"打开"对话框中选择表"order_d"，单击"确定"按钮将自由表"order_d"添加到数据库"订货管理"中。

（2）【操作步骤】

在数据库设计器中，选择表"order_d"，选择【数据库】→【修改】命令，打开表设计器修改表"order_d"结构，在"order_d"表设计器的"索引"选项卡的"索引名"中输入"order_d"，选择索引类型为"主索引"，索引表达式为"订单编号＋商品编号"；单击下一行，在"索引名"中输入"订单编号"，选择索引类型为"普通索引"，索引表达式为"订单编号"；单击下一行，在"索引名"中输入"商品编号"，选择索引类型为"普通索引"，索引表达式为"商品编号"；单击"确定"按钮，关闭表设计器并保存表"order_d"结构。

（3）【操作步骤】

①在数据库设计器中，选择表"order_m"，选择【数据库】→【修改】命令，打开表设计器修改表"order_m"结构，在"order_m"表设计器的"索引"选项卡的"索引名"中输入"订单编号"，选择索引类型为"主索引"，索引表达式为"订单编号"，单击"确

定"按钮,关闭表设计器并保存表"order_m"结构。

②在数据库设计器中,将"order_m"表中"索引"下面的"订单编号"主索引字段拖放到"order_d"表中"索引"下面的"订单编号"索引字段上,建立两个表之间的永久性联系。

(4)【操作步骤】

①在数据库设计器中,选择【数据库】→【清理数据库】命令清理数据库。

②右键单击"order_m"表和"order_d"表之间的关系线,在弹出的快捷菜单中选择"编辑参照完整性"命令,打开参照完整性生成器。

③单击"更新规则"选项卡,选择"级联";单击"删除规则"选项卡,选择"限制";单击"插入规则"选项卡,选择"限制"。

④单击"确定"按钮,保存参照完整性设置。

二、简单应用题

【考点指引】本题的第1小题考查一对多表单向导的使用,按向导提示逐步操作即可;第2小题考查视图的创建和使用。

(1)【操作步骤】

①选择【文件】→【新建】命令,选择【表单】,单击"向导"按钮打开"向导选取"窗口,选择"一对多表单向导",单击"确定"按钮,进入"一对多表单向导"窗口。

②在"一对多表单向导"窗口中,选择"数据库和表"列表框中的"教材"数据库及表"作者"作为父表,将"可用字段"列表框中的"作者姓名"和"作者单位"字段添加到右边的"选定字段"列表框中,作为父表的可用字段。

③单击"下一步"设计子表的可用字段,选择"数据库和表"列表框中的"教材"作为子表,将"教材"表中的"教材名称"、"价格"和"出版社"字段添加到"选定字段"列表框中。

④单击"下一步"进入"为表建立关系"的设计界面,在此处系统已经默认设置好进行关联的字段:父表的"作者编号"和子表的"作者编号"字段。

⑤单击"下一步"进入"选择表单样式"的界面,在"样式"列表框中选择"阴影式","按钮类型"选择"文本按钮"。

⑥单击"下一步"进入"排序次序"的设计界面,将"可用字段或索引标识"列表框中的"作者姓名"字段添加到右边的"选定字段"列表框中,并选择"升序"单选项。

⑦单击"下一步",进入最后的"完成"设计界面,在"表单标题"文本框中输入"教材信息"为表单添加标题,单击"完成"按钮,在系统弹出的"另存为"对话框中,将表单以"bd1"文件名保存在考生文件夹下,退出表单设计向导。

(2)【操作步骤】

①选择【文件】→【打开】命令,在"打开"对话框的"文件类型"下拉列表框中选择"数据库",选择"教材.dbc",单击"确定"按钮,打开数据库设计器。

②选择【文件】→【新建】命令,选择"视图",单击"新建文件"按钮打开"添加表或视图"对话框,选择"表"单选项,选择数据库"教材",将表"教材"、"作者"分别"添加"到视图设计器中,系统会自动选择关联字段"作者编号"为表"教材"和"作者"建立内部联系,单击"确定"按钮,关闭"联接条件"对话框,然后关闭"添加表或视图"对话框。

③在视图设计器中单击"字段"选项卡,将"可用字段"列表框中的"作者姓名"、"作者单位"、"教材名称"、"价格"和"出版社"等字段添加到右边的"选定字段"列表框中。

④在视图设计器中单击"筛选"选项卡,在"字段名"下拉列表框中选择"教材.价格"字段,在"条件"下拉列表框中选择">=",在"实例"文本框中输入"25"。

⑤在视图设计器中单击"排序依据"选项卡,在"排序依据"选项卡的"字段名"下拉列表框中选择"作者.作者姓名"字段,单击"添加"按钮,将"作者.作者姓名"字段添加到右边的"排序条件"列表框中,在"排序条件"中选择"升序"单选项。

⑥在视图设计器中单击"关闭"按钮,将视图文件以"view1"名保存。

⑦在命令窗口中输入命令:SELECT * INTO TABLE result FROM view1(回车执行)。

三、综合应用题

【考点指引】本题主要考查表单的设计,重点是文本框和表格控件的使用和命令按钮事件代码的编写。

【操作步骤】

①选择【文件】→【新建】命令,选择"表单",单击"新建文件"按钮打开表单设计器,将Caption属性值修改为"外币市值情况";单击表单控件工具栏上的"文本框"控件图标,为表单添加1文本框Text1,单击表单控件工具栏上的"命令按钮"控件图标,为表单添加两个命令按钮Command1和Command2,单击表单控件工具栏上的"表格"控件图标,再添加一个表格控件。

②分别选择两个命令按钮,在按钮属性窗口中将 Command1 的 Caption 属性值修改为"查询"、Command2 的 Caption 属性值修改为"关闭",如图 20-1 所示。双击"关闭"命令按钮,在 Click 事件中输入代码:ThisForm. Release,用来关闭表单。

③选择表格控件"Grid1",在表格控件属性窗口中将"RecordSource"属性值修改为"""",将"RecordSourceType"属性值修改为"1"。

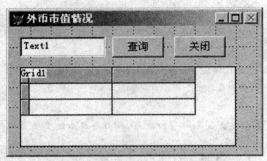

图 20-1

④双击"查询"命令按钮,在 Click 事件中输入代码:

SELECT *,买入价*数量 AS 价值 INTO CURSOR tmp FROM 外汇账户 WHERE 货币代码＝ThisForm. Text1. Value

ThisForm. Grid1. RecordSourceType＝1

ThisForm. Grid1. RecordSource＝"tmp"

ThisForm. Grid1. Refresh

⑤选择【表单】→【执行表单】命令,系统首先要求保存该表单文件,在弹出的"另存为"对话框中输入表单文件名"bd2",将它保存在考生文件夹下,然后运行表单。

 第 21 套　上机考试试题答案与解析

一、基本操作题

【考点指引】本题主要考查数据库设计器的基本操作,包括添加自由表、移除表、删除表和创建索引等,这些都可以在数据库设计器中完成。

(1)【操作步骤】

①选择【文件】→【打开】命令,在"打开"对话框的"文件类型"下拉列表框中选择"数据库",选择"商品管理.dbc",选择"独占",单击"确定"按钮,打开数据库设计器。

②在"数据库设计器"中,单击右键选择"添加表",在"打开"对话框中选择"商品"表,单击"确定"按钮将自由表"商品"添加到数据库"商品管理"中。

(2)【操作步骤】

在数据库设计器中,选择"目录"表,单击右键,在弹出的快捷菜单中选择"删除",单击"移去"按钮,选择"是(Y)",将"目录"表从"商品管理"数据库中移除。

(3)【操作步骤】

①在数据库设计器中,选择"商品_tmp"表,单击右键,在弹出的快捷菜单中选择"删除",单击"删除"按钮,将"商品_tmp"表从"商品管理"数据库中移除,并从磁盘上删除。

②选择【数据库】→【清理数据库】命令清理数据库。

(4)【操作步骤】

在数据库设计器中,选择"商品"表,选择【数据库】→【修改】命令,在"商品"表设计器的"索引"选项卡的"索引名"中输入"商品编码",选择索引类型为"候选索引",索引表达式为"商品编码",单击"确定"按钮,关闭表设计器并保存表"商品"结构。

二、简单应用题

【考点指引】本题的第 1 小题考查菜单及子菜单的创建,重点是菜单过程代码的编写,这里主要用到 SELECT 命令。第 2 小题考查报表向导的使用,按向导提示逐步操作即可。

(1)【操作步骤】

①选择【文件】→【新建】命令,选择"菜单",单击"新建文件"按钮,再单击"菜单"按钮,打开菜单设计器,在"菜单名称"中输入"查看",在"结果"下拉列表框中选择"子菜单",单击"创建"按钮,创建"查看"子菜单。

②输入子菜单名称"供应商",在"结果"下拉列表框中选择"过程",单击"创建"按钮,创建"供应商"子菜单过程,在菜单过程代码编辑窗口中输入以下代码:

SELECT 商品名称,供应商名称 FROM 商品信息,供应商 WHERE 商品信息.供应商编号＝供应商.供应商编号 AND 供应商.供应商编号＝"0001"

关闭菜单过程代码编辑窗口返回到菜单设计器。

③单击下一行,输入子菜单名称"单价",在"结果"下拉列表框中选择"过程",单击"创建"按钮创建"单价"子菜单过程,在菜单过程代码编辑窗口中输入代码:SELECT * FROM 商品信息 WHERE 单价≥5000。

关闭菜单过程代码编辑窗口返回到菜单设计器。

④单击下一行,输入子菜单名称"关闭",在"结果"下拉列表框中选择"命令",在右边的"命令"文本框中编写程序代码:SET SYSMENU TO DEFAULT。

⑤选择【菜单】→【生成】命令,将菜单保存为"cd1",生成一个菜单文件"cd1.mpr"。关闭菜单设计窗口,在命令窗口输入命令:DO cd1.mpr,看到 Visual FoxPro 的菜单栏被新建的菜单所代替,单击"关闭"菜单命令将恢复系统菜单。

(2)【操作步骤】

①选择【文件】→【新建】命令,选择"报表",单击"向导"按钮打开"向导选取"窗口,选择"报表向导",单击"确定"按钮,进入"报表向导"对话框。

②在"报表向导"对话框中,选择"商品"数据库下的"商品信息"数据表,并把"可用字段"下的"商品编号"、"商品名称"和"单价"添加到"选定字段"列表框中。

③连续单击"下一步"进入"选择报表样式"的界面,在"样式"列表框中选择"经营式"。

④单击"下一步"进入"定义报表布局",设置"列数"为"2","方向"为"横向"。

⑤单击"下一步"进入"排序记录"的设计界面,将"可用字段或索引标识"列表框中的"单价"字段添加到右边的"选定字段"列表框中,并选择"降序"单选项。

⑥单击"下一步",进入最后的"完成"设计界面,在"报表标题"文本框中输入"商品单价浏览"为报表添加标题,单击"完成"命令按钮,在系统弹出的"另存为"对话框中,将报表以"rpt1"文件名保存在考生文件夹下,退出报表设计向导。

三、综合应用题

【考点指引】本题主要考查表单的设计和表格控件组合框、文本框的使用,重点是命令按钮事件代码的编写,这里要用到 COUNT(　)函数。

【操作步骤】

①选择【文件】→【新建】命令,选择"表单",单击"新建文件"按钮打开表单设计器,在表单属性窗口中将 Caption 属性值改为"部门人数统计",再添加一个组合框、两个文本框和两个命令按钮。

②分别选择命令按钮,在按钮属性窗口中将命令按钮 Command1 的 Caption 属性值修改为"统计",将命令按钮 Command2 的 Caption 属性值修改为"关闭",如图 21-1 所示。双击"关闭"命令按钮,在 Click 事件中输入代码:ThisForm.Release,用来关闭表单。

③选择组合框,在组合框属性窗口中,双击"Init Event",打开 Init 事件代码编辑窗口,输入以下代码:

SELECT * INTO ARRAY aa FROM 部门

FOR i＝1 TO ALEN(aa)/2

　ThisForm.Combo1.AddItem(aa(i,1))

NEXT

图 21-1

④双击"统计"命令按钮,在 Click 事件中输入代码:

SELECT 部门名称,COUNT(*) AS 人数 INTO CURSOR aa FROM 部门,职员信息 WHERE 部门.部门编号＝职员信息.部门编号 AND 部门.部门编号＝ ThisForm.Combo1.displayvalue

ThisForm. text1. value＝aa. 部门名称

ThisForm. text2. value＝aa. 人数

⑤选择【表单】→【执行表单】命令,系统首先要求保存该表单文件,在弹出的"另存为"对话框中,输入表单文件名"bd1",保存在考生文件夹下,然后运行表单。

第22套 上机考试试题答案与解析

一、基本操作题

【考点指引】本题主要考查表的创建、记录的复制、SELECT语句的使用及表单向导的使用。

(1)【操作步骤】

在命令窗口中输入命令:CREATE TABLE 节目单(播出时间 datetime,名称 c(20),电视台 c(10))(回车执行)。

(2)【操作步骤】

在命令窗口中输入命令:SELECT * INTO TABLE 商品_bak FROM 商品信息(回车执行)。

(3)【操作步骤】

在命令窗口中输入命令:SELECT * INTO TABLE result1 FROM 商品信息 WHERE 产地 LIKE "上海%"(回车执行)。

(4)【操作步骤】

①选择【文件】→【新建】命令,选择"表单",单击"向导"按钮,在弹出的"向导选取"窗口中选择"表单向导",单击"确定"按钮。

②在"表单向导"窗口中的"数据库和表"列表框中选择"商品信息"表,将"可用字段"下的全部字段添加到"选定字段"列表框中,单击"下一步"按钮。

③在"样式"列表框中选择"石墙式","按钮类型"选择"图片按钮",单击"下一步"按钮,再单击"下一步"按钮,输入表单标题为"商品信息",单击"完成"按钮,输入表单名称"bd1"并保存退出。

二、简单应用题

【考点指引】本题的第1小题考查SQL语句SELECT的用法,注意将查询结果用 INTO TABLE 语句保存到表中;第2小题考查报表向导的使用,按向导提示逐步操作即可。

(1)【操作步骤】

①在命令窗口中输入命令:MODI COMM cx1(回车执行),打开程序文件编辑窗口,在程序文件编辑窗口中输入代码:SELECT * INTO TABLE result2 FROM 积分 WHERE 胜场＞＝负场。

关闭程序文件编辑窗口并保存程序文件。

②在命令窗口中输入命令:DO cx1(回车执行),执行程序文件。

(2)【操作步骤】

①选择【文件】→【新建】命令,选择"报表",单击"向导"按钮打开"向导选取"窗口,选择"报表向导",单击"确定"按钮进入"报表向导"对话框。

②在"报表向导"对话框中,选择"team"数据库下的"积分"数据表,并把全部"可用字段"添加到"选定字段"列表框中。

③连续单击"下一步"进入"选择报表样式"的界面,在"样式"列表框中选择"随意式"。

④单击"下一步"进入"定义报表布局",设置"列数"为"2","方向"为"横向"。

⑤单击"下一步"进入"排序记录"的设计界面,将"可用字段或索引标识"列表框中的"积分"字段添加到右边的"选定字段"列表框中,并选择"降序"单选项。

⑥单击"下一步",进入最后的"完成"设计界面,在"报表标题"文本框中输入"积分榜"为报表添加标题,单击"完成"命令按钮,在系统弹出的"另存为"对话框中,将报表以"rpt1"文件名保存在考生文件夹下,退出报表设计向导。

三、综合应用题

【考点指引】本题主要考查表单的建立及表单组合框控件的使用。

【操作步骤】

①选择【文件】→【新建】命令,选择"表单",单击"新建文件"按钮打开表单设计器,在表单属性窗口中将"Caption"属性值修改为"平均成绩查询"。单击表单控件工具栏上的"组合框"控件图标,为表单添加一个组合框 Combo1,单击表单控件工具

栏上的"文本框"控件图标,为表单添加一个文本框 Text1,单击表单控件工具栏上的"命令按钮"控件图标,为表单添加两个命令按钮 Command1 和 Command2。

②分别选择命令按钮,在按钮属性窗口中将命令按钮 Command1 的 Caption 属性值修改为"查询",Command2 的 Caption 属性值修改为"关闭",如图 22-1所示。双击"关闭"命令按钮,在 Click 事件中输入代码:ThisForm. Release,用来关闭表单。

③选择组合框,在组合框属性窗口中,双击"Init Event",打开 Init 事件代码编辑窗口,输入以下过程代码:

SELECT * INTO ARRAY aa FROM student
FOR i＝1 TO ALEN(aa)/5
　　ThisForm. Combo1. AddItem(aa(i,1))
NEXT

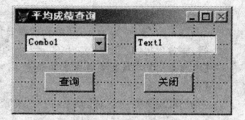

图 22-1

④双击"查询"命令按钮,在 Click 事件中输入代码:
SELECT AVG(成绩) AS 平均成绩 INTO CURSOR aa FROM score WHERE 学号＝ThisForm. Combo1. displayvalue
ThisForm. text1. value＝aa. 平均成绩

⑤选择【表单】→【执行表单】命令,系统首先要求保存该表单文件,在弹出的"另存为"对话框中输入表单文件名"bd2",保存在考生文件夹下,然后运行表单。

第23套　上机考试试题答案与解析

一、基本操作题

【考点指引】本题主要考查移除表、修改表结构、INSERT 语句等的基本操作。

(1)【操作步骤】

①选择【文件】→【打开】命令,在"打开"对话框的"文件类型"下拉列表框中选择"数据库",选择"农场管理.dbc",单击"确定"按钮,打开数据库设计器。

②在数据库设计器中,选择表"职工",单击右键,在弹出的快捷菜单中选择"删除"命令,单击"移去"按钮,选择"是(Y)",将表"职工"从"农场管理"数据库中移除。

(2)【操作步骤】

①在"数据库设计器"中,选择表"农场信息",单击右键,在弹出的快捷菜单中选择"修改",打开表设计器。

②在"表设计器"中,单击"字段"选项卡,单击最后一行,输入字段名"地址","类型"为"字符型","宽度"为"10"。

(3)【操作步骤】

在"字段有效性"的"默认值"文本框中输入""内蒙古"",单击"确定"按钮,关闭表设计器并保存表"农场信息"结构。

(4)【操作步骤】

在命令窗口中输入命令:INSERT INTO 农场信息 VALUES("002","草原牧场","内蒙古")(回车执行)。

二、简单应用题

【考点指引】本题的第 1 小题考查的是 SQL SELECT 语句的用法,注意将查询结果用 INTO TABLE 语句保存到表中;第 2 小题中考查索引的建立和字段有效性设置。

(1)【操作步骤】

在命令窗口中输入命令:
SELECT 学生. * INTO TABLE VFP 入门 FROM 学生,成绩,课程 WHERE 学生. 学号＝成绩. 学号 AND 成绩. 课程编号＝课程. 课程编号 AND 课程名称＝"VFP 入门"(回车执行)

(2)【操作步骤】

①选择【文件】→【打开】命令,在"打开"对话框的"文件类型"下拉列表框中选择"数据库",选择"学生管理.dbc",单击"确定"按钮,打开数据库设计器。

②在"数据库设计器"中,选择表"课程",单击右键,在弹出的快捷菜单中选择"修改"命令,打开表设计器。

< 133 >

③选择表设计器的"索引"选项卡的"索引名"为"课程编号"的索引,修改索引类型为"主索引"。单击下一行建立一个新索引,在"索引名"中输入"课程名称",选择索引类型为"普通索引",索引表达式为"课程名称"。

④在"表设计器"中,单击"字段"选项卡,选择字段"课程编号",在"字段有效性"的"规则"编辑框中输入"left(课程编号,1)="0"",单击"确定"按钮,关闭表设计器并保存表"课程"结构。

三、综合应用题

【考点指引】本题主要考查表单的设计,重点是表格控件 AfterRowColChange 事件代码的编写和数据源的设置。

【操作步骤】

①选择【文件】→【新建】命令,选择"表单",单击"新建文件"按钮打开表单设计器,将 Caption 属性值修改为"课程成绩查看",单击表单控件工具栏上的"命令按钮"控件图标,为表单添加一个命令按钮 Command1,单击表单控件工具栏上的"表格"控件图标,再添加两个表格控件"Grid1"和"Grid2"。

图 23-1

②选择命令按钮,在按钮属性窗口中将命令按钮 Command1 的 Caption 属性值修改为"关闭",如图 23-1 所示。双击"关闭"命令按钮,在 Click 事件中输入代码:This-Form. Release,用来关闭表单。

③在表单设计器中,用鼠标右键单击表单空白处,在弹出的快捷菜单中选择"数据环境"命令,打开表单的数据环境,选择数据库"学生管理",将数据表文件"成绩"和"课程"添加到数据环境中。

④选择表格控件"Grid1",在表格控件属性窗口中将"RecordSource"属性值修改为"课程",将"RecordSourceType"属性值修改为"0",将"ReadOnly"属性值修改为".T.",选择表格控件"Grid2",在表格控件属性窗口中将"RecordSource"属性值修改为""",将"RecordSourceType"属性值修改为"1"。

⑤在表单设计器中,选择"Grid1",在属性窗口中双击"AfterRowColChange Event",弹出事件过程代码编辑窗口,输入以下代码:

```
SELECT * INTO CURSOR tmp FROM 成绩 WHERE 成绩. 课程编号=ThisForm. grid1. columns(1). text1. value
ThisForm. Grid2. RecordSourceType=1
ThisForm. Grid2. RecordSource="tmp"
ThisForm. Grid2. Refresh
```

⑥选择【表单】→【执行表单】命令,系统首先要求保存该表单文件,在弹出的"另存为"对话框中输入表单文件名"bd1",保存在考生文件夹下,然后运行表单。

 第24套　上机考试试题答案与解析

一、基本操作题

【考点指引】本题主要考查项目管理器中"数据"选项卡里面所包含的三个重要内容,数据库、视图和查询的设计。需要注意的是新建视图文件时,首先应该打开相应的数据库,且视图文件在磁盘中是找不到的,直接保存在数据库中。

(1)【操作步骤】

选择【文件】→【新建】命令,选择"项目",单击"新建文件"按钮,输入项目名称"xm1"后,单击"保存"按钮。

(2)【操作步骤】

在项目管理器中选择"数据"选项卡,然后选择列表框中的"数据库",单击"添加"按钮,系统弹出"打开"对话框,将考生文件夹下的数据库"cj"添加到新建的项目"xm1"中。

(3)【操作步骤】

①在"数据"选项卡中,展开数据库"cj",选择"cj"分支下的"本地视图"。

②单击"新建"按钮,在弹出的"新建本地视图"对话框中,单击"新建视图"按钮,打开视图设计器。

③将"student"数据表添加到视图设计器中,然后关闭"添加表或视图"对话框。

④根据题意,在视图设计器的"字段"选项卡中,将"可用字段"列表框中的字段全部添加到右边的"选定字段"列表框中,完成视图设计,将视图以 view1 文件名保存在考生文件夹下。

(4)【操作步骤】

①在"数据"选项卡中选择"查询",然后单击"新建"命令按钮,单击"新建查询"对话框中的"新建查询"按钮,打开查询设计器,将数据表"xsjl"添加到查询设计器中。

②根据题意,在查询设计器的"字段"选项卡中,将"可用字段"列表框中的字段全部添加到右边的"选定字段"列表框中。

③单击"筛选"选项卡,在"字段名"下拉列表框中选择"xsjl.奖励等级"字段,在"条件"下拉列表框中选择"=",在"实例"文本框中输入""一等奖""。

④在"排序依据"选项卡中将"选定字段"列表框中的"xsjl.分数"字段添加到右边的"排序条件"中,在"排序选项"中选择"降序"。

⑤最后选择【查询】→【查询去向】命令,打开"查询去向"对话框,在对话框中选择"表",在"表名"文本框中输入用来保存查询结果的数据表文件名"result"。

⑥选择【查询】→【运行查询】命令,系统将自动保存查询结果到数据表"result"中。

⑦关闭查询设计器,保存查询为"qry1"。

二、简单应用题

【考点指引】本题的第1小题考查SQL联接查询,设计过程中应注意两个表之间进行关联的字段;第2小题考查根据表单向导生成报表内容。

(1)【操作步骤】

①在命令窗口中输入命令:

SELECT 购买信息.*,商品名称 INTO TABLE result2 FROM 商品信息,购买信息 WHERE 商品信息.商品编号=购买信息.商品编号 AND 会员编号="08000001"(回车执行)

②在考生文件夹下建立文本文件"result2.txt",将在步骤①输入的命令保存到此文件中。

(2)【操作步骤】

①选择【文件】→【新建】命令,选择"报表",单击"向导"按钮打开"向导选取"窗口,选择"报表向导",单击"确定"按钮进入"报表向导"对话框。

②在"报表向导"对话框中,选择"TSJY"数据库下的"图书借阅"数据表,并把全部"可用字段"添加到"选定字段"列表框中。

③单击"下一步"进入"选择报表样式"的界面,在"样式"列表框中选择"带区式"。

④单击"下一步"进入"定义报表布局",设置"列数"文本框输入"2",在"方向"选项组中选择"纵向"。

⑤单击"下一步"进入"排序记录"的设计界面,将"可用字段或索引标识"列表框中的"借阅日期"字段添加到右边的"选定字段"列表框中,并选择"升序"单选项。

⑥单击"下一步",进入最后的"完成"设计界面,在"报表标题"文本框中输入"图书借阅情况表"为报表添加标题,单击"完成"命令按钮,在系统弹出的"另存为"对话框中,将报表以rep文件名保存在考生文件夹下,退出报表设计向导。

三、综合应用题

【考点指引】本题主要考查利用SQL的联合查询来完成多个数据表之间的记录查找,此处应注意多条件的使用,以及排序短语ORDER BY的使用;在菜单的设计过程中主要应注意两个菜单命令在"查询"下拉列表框中应选择的类型。

【操作步骤】

①选择【文件】→【新建】命令,选择"菜单",单击"新建文件"按钮;再单击"菜单"按钮,打开菜单设计器,在"菜单名称"中输入"查询",在"结果"下拉列表框中选择"过程";单击下一行,在"菜单名称"中输入"退出",在"结果"下拉列表框中选择"命令",在右边的文本框中编写命令:SET SYSMENU TO DEFAULT。

②在菜单设计器中单击选定菜单名称下刚创建的"查询"行,单击"创建"按钮,创建"查询"过程。

"查询"菜单过程代码:

SET TALK OFF

SET SAFETY OFF

OPEN DATABASE stock

SELECT dgk.*,供应商名 INTO TABLE result3 FROM dgk,zgk,gys WHERE dgk.职工编号=zgk.职工编号 AND dgk.供应商号=gys.供应商号 AND 工资>1100 ORDER BY 总金额 DESC

CLOSE ALL

SET SAFETY ON

SET TALK ON

③选择【菜单】→【生成】命令，将菜单保存为"dgcx"，生成一个菜单文件"dgcx mpr"。关闭菜单选择设计窗口，在命令窗口输入命令：DO dgcx. mpr，看到 Visual FoxPro 的菜单栏被新建的菜单所代替，单击"退出"菜单命令将恢复系统菜单。

④执行"查询"菜单命令后，系统自动生成新数据表文件 result3. dbf，用来保存查询结果。

 第 25 套　上机考试试题答案与解析

一、基本操作题

【考点指引】 本题主要考查数据表的基本操作，包括将表添加到数据库中，设置字段默认值、表结构的修改。

(1)【操作步骤】

①选择【文件】→【打开】命令，在"打开"对话框的"文件类型"下拉列表框中选择"数据库"，选择"db1. dbc"，单击"确定"按钮，打开数据库设计器。

②在"数据库设计器"中，单击右键选择"添加表"，在"打开"对话框中选择表"电器"，单击"确定"按钮，将自由表"电器"添加到数据库"db1"中。

(2)【操作步骤】

①在数据库设计器中，右键单击数据库表"电器"，在弹出的快捷菜单中选择"修改"命令，进入"电器"的数据表设计器界面。

②在"电器"表设计器的"字段"选项卡中，选择"进货价格"字段，单击"删除"按钮，将该字段删除。

③单击"确定"按钮保存"电器"表结构并关闭表设计器。

(3)【操作步骤】

在命令窗口中输入命令：UPDATE 电器 SET 单价＝单价 * 1.1(回车执行)。

(4)【操作步骤】

在命令窗口中输入命令：SELECT * FROM 电器 WHERE 产地 LIKE "上海%"(回车执行)。

在考生文件夹下新建文本文件"cx1. txt"，将(3)、(4)中输入的命令复制到文本文件"cx1. txt"并保存。

二、简单应用题

【考点指引】 本题的第 1 小题考查查询的设计；第 2 小题主要考查表单向导的使用，注意按向导的提示逐步操作即可。

(1)【操作步骤】

①选择【文件】→【打开】命令，打开考生文件夹下的数据库"school"。

②选择【文件】→【新建】命令，选择"查询"，单击"新建文件"按钮，弹出"添加表或视图"对话框，将表"student"和"score"分别添加到查询设计器中，系统会自动根据两表的"学号"字段建立两表之间的内部联系，然后关闭"添加表或视图"对话框。

③根据题意，在查询设计器的"字段"选项卡中，将"可用字段"列表框中的字段"student. 学号"、"student. 姓名"、"student. 性别"和"score. 课程编号"、"score. 成绩"添加到右边的"选定字段"列表框中。

④在"排序依据"选项卡中将"选定字段"列表框中的"student. 学号"字段添加到右边的"排序条件"中，在"排序选项"中选择"升序"。

⑤关闭查询设计器并保存查询为"qry1"。

(2)【操作步骤】

①选择【文件】→【新建】命令，选择"表单"，单击"向导"按钮，在弹出的"向导选取"窗口中选择"表单向导"，单击"确定"按钮。

②在"表单向导"窗口中的"数据库和表"列表框中选择"doctor"数据表，将"可用字段"下的全部字段添加到"选定字段"列表框中，单击"下一步"按钮。

③在"样式"列表框中选择"边框式"，"按钮类型"选择"图片按钮"，单击"下一步"按钮。

④在"可用的字段或索引标识"列表框中选择"医生编号"添加到"选定字段"列表框中，选择"升序"，单击"下一步"按钮。

⑤输入表单标题为"医生信息"，单击"完成"按钮，输入表单名称"bd1"并保存退出。

< 136 >

三、综合应用题

【考点指引】本题主要考查表单的设计和使用,重点是表格控件、按钮选项组的使用,注意表格控件的数据源设置。

【操作步骤】

①选择【文件】→【新建】命令,选择"表单",单击"新建文件"按钮打开表单设计器;单击表单控件工具栏上的"选项按钮组"控件图标,为表单添加一个选项按钮组 OptionGroup1;单击表单控件工具栏上的"命令按钮"控件图标,为表单添加两个命令按钮 Command1 和 Command2;单击表单控件工具栏上的"表格"控件图标,再添加一个表格控件 Grid1。

②选择选项按钮组 OptionGroup1,单击右键,在弹出的快捷菜单中选择"生成器"打开选项按钮组生成器对话框,单击"按钮"选项卡,设置按钮的数目为3,在"标题"列下修改三个按钮的标题分别为"课程信息"、"学生信息"和"成绩信息",单击"确定"按钮关闭命令组生成器对话框。

③分别选择两个命令按钮,在按钮属性窗口中将命令按钮 Command1 的 Caption 属性值修改为"浏览"、Command2 的 Caption 属性值修改为"关闭",如图 25-1 所示。双击"关闭"命令按钮,在 Click 事件中输入代码:ThisForm. Release,用来关闭表单。

④选择表格控件"Grid1",在表格控件属性窗口中将"RecordSource"属性值修改为""",将"RecordSourceType"属性值修改为"1"。

⑤双击"浏览"命令按钮,在 Click 事件中输入代码:

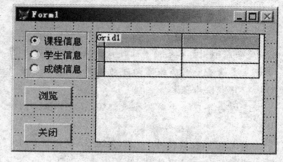

图 25-1

```
DO CASE
    CASE ThisForm. OptionGroup1. value=1
        SELECT 课程编号,课程名称 INTO CURSOR tmp FROM course
    CASE ThisForm. OptionGroup1. value=2
        SELECT 学号,姓名,性别,出生日期 INTO CURSOR tmp FROM student
    CASE ThisForm. OptionGroup1. value=3
        SELECT 姓名,课程名称,成绩 INTO CURSOR tmp FROM student,score,course WHERE student. 学号=score.
        学号 AND course. 课程编号=score. 课程编号
ENDCASE
ThisForm. Grid1. RecordSourceType=1
ThisForm. Grid1. RecordSource="tmp"
ThisForm. Grid1. Refresh
```

⑥选择【表单】→【执行表单】命令,系统首先要求保存该表单文件,在弹出的"另存为"对话框中输入表单文件名"bd2",保存在考生文件夹下,然后运行表单。

 第 26 套　上机考试试题答案与解析

一、基本操作题

【考点指引】本题主要考查数据库管理操作,包括从数据库中移除表,添加表,表索引建立及有效性规则的设置等。

(1)【操作步骤】

①选择【文件】→【打开】命令,在"打开"对话中的"文件类型"下拉列表框中选择"数据库",选择"投资管理.dbc",选择"独占",单击"确定"按钮,打开数据库设计器。

②在数据库设计器中,选择表"交易",单击右键,在弹出快捷菜单中选择"删除"命令,单击"移去"按钮,选择"是(Y)"将表"交易"从"投资管理"数据库中移除。

③选择【数据库】→【清理数据库】命令清理数据库。

(2)【操作步骤】

在"数据库设计器"中,单击右键选择"添加表",在"打开"对话框中选择表"股票信息",单击"确定"按钮,将"股票信息"添加到数据库"投资管理"中。

（3）【操作步骤】

在数据库设计器中，选择表"股票信息"，选择【数据库】→【修改】命令，打开表设计器修改表"股票信息"结构，在"股票信息"表设计器的"索引"选项卡的"索引名"中输入"股票代码"，选择索引类型为"主索引"，索引表达式为"股票代码"，单击"确定"按钮关闭表设计器并保存表"股票信息"结构。

（4）【操作步骤】

①在数据库设计器中，用鼠标右键单击数据库表"股票信息"，在弹出的快捷菜单中选择"修改"命令，进入"股票信息"的数据表设计器界面。

②在"股票信息"表设计器的"字段"选项卡中，选择"股票代码"字段，在"字段有效性"的"规则"文本框中输入"LEFT(股票代码,1)="6" OR LEFT(股票代码,1)="0""，"信息"文本框中输入"股票代码的第一位必须是 6 或 0"，单击"确定"按钮，关闭表设计器并保存表"股票信息"结构。

二、简单应用题

【考点指引】本题的第 1 小题主要考查利用 SQL 语句进行查询，注意将查询结果用 INTO TABLE 保存到新表中；第 2 小题主要考查一对多报表向导的使用，按向导的提示逐步操作即可。

（1）【操作步骤】

①在命令窗口中输入命令：MODI COMM cx1（回车执行），打开程序文件编辑窗口，在程序文件编辑窗口中输入以下程序代码：

SELECT 股票简称,现价,买入价,持有数量 INTO TABLE 股票_tmp FROM 股票账户,股票信息 WHERE 股票账户.股票代码＝股票信息.股票代码 AND 现价＞买入价

关闭程序文件编辑窗口并保存程序文件。

②在命令窗口中输入命令：DO cx1（回车执行），执行程序文件。

（2）【操作步骤】

①选择【文件】→【新建】命令，选择"报表"，单击"向导"按钮打开"向导选取"窗口，选择"一对多报表向导"，单击"确定"按钮进入"一对多报表向导"对话框。

②在"一对多报表向导"对话框中，选择"数据库和表"列表框中的"股票信息"作为父表，从"可用字段"列表框中将"股票简称"字段添加到右边的"选定字段"列表框中，用作父表的可用字段。

③单击"下一步"设计子表的可用字段，选择"数据库和表"列表框中的"股票账户"作为子表，从"可用字段"列表框中的全部字段添加到"选定字段"列表框中。

④单击"下一步"进入"为表建立关系"的设计界面，在此处系统已经默认设置好进行关联的字段：父表的"股票代码"和子表的"股票代码"字段。

⑤单击"下一步"进入"排序记录"的设计界面，将"可用字段或索引标识"列表框中的"股票代码"字段添加到右边的"选定字段"列表框中，并选择"升序"单选项。

⑥连续单击"下一步"进入最后的"完成"设计界面，在"报表标题"文本框中输入"股票账户信息"为报表添加标题，单击"完成"命令按钮，在系统弹出的"另存为"对话框中，将报表以"bb1"文件名保存在考生文件夹下，退出报表设计向导。

三、综合应用题

【考点指引】本题主要考查视图的建立和表单的建立，重点是表格控件的使用，注意表格控件数据源的设置。

（1）【操作步骤】

①选择【文件】→【打开】命令，或直接单击工具栏上的"打开"图标，在弹出的对话框中选择要打开的数据库文件"住宿管理.dbc"。

②选择【文件】→【新建】命令，选择"视图"，单击"新建文件"按钮打开"添加表或视图"对话框，选择"表"单选项，选择数据库"住宿管理"，将表"宿舍"和"学生"分别"添加"到视图设计器中，系统会自动选择关联字段"宿舍编号"为两个表建立内部联系，单击"确定"按钮关闭"联接条件"对话框，然后关闭"添加表或视图"对话框。

③在视图设计器中单击"字段"选项卡，将"可用字段"列表框中的"姓名"、"学号"、"年龄"、"宿舍名称"和"电话"字段添加到右边的"选定字段"列表框中。

④在视图设计器中单击"排序依据"选项卡，在"排序依据"选项卡中的"字段名"下拉列表框中选择"学生.学号"字段，单击"添加"按钮，将"学生.学号"字段添加到右边的"排序条件"列表框中，在"排序条件"中选择"升序"单选项。

⑤在视图设计器中单击"关闭"按钮,将视图文件以"view1"名保存在考生文件夹下。

(2)【操作步骤】

①选择【文件】→【新建】命令,选择"表单",单击"新建文件"按钮打开表单设计器;单击表单控件工具栏上的"命令按钮"控件图标,为表单添加一个命令按钮Command1,单击表单控件工具栏上的"表格"控件图标,再添加一个表格控件。

②选择命令按钮,在按钮属性窗口中将命令按钮 Command1 的 Caption 属性值修改为"关闭",如图 26-1 所示。双击"关闭"命令按钮,在 Click 事件中输入代码:ThisForm. Release,用来关闭表单。

③在表单设计器中,用鼠标右键单击表单空白处,在弹出的快捷菜单中选择"数据环境"命令,打开表单的数据环境,选择数据库"住宿管理",选定"视图",将视图"view1"添加到数据环境中。

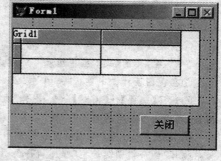

图 26-1

④选择【表单】→【执行表单】命令,系统首先要求保存该表单文件,在弹出的"另存为"对话框中输入表单文件名"bd1",保存在考生文件夹下,然后运行表单。

 第27套　上机考试试题答案与解析

一、基本操作题

【考点指引】本题考查数据表的一些基本操作,包括表的建立、数据的输入、字段索引的建立、联系建立及参照完整性约束的设置等。

(1)【操作步骤】

①选择【文件】→【打开】命令,或直接单击工具栏上的"打开"图标,在弹出的对话框中选择要打开的数据库文件"公司.dbc",选择"独占",单击"确定"按钮打开数据库设计器。单击右键,在弹出的快捷菜单中选择"新建表"命令,选择"新建表",打开"创建"对话框,输入表名"部门",单击"确定"按钮,打开表设计器。

②在表设计器中按照题目要求输入"部门"表的结构内容,然后单击"确定"按钮,在弹出的对话框中选择"是(Y)",按照题目要求输入 5 条记录,然后关闭数据输入窗口。

(2)【操作步骤】

在数据库设计器中,选择表"部门",选择【数据库】→【修改】命令,打开表设计器修改表"部门"结构,在"部门"表设计器的"索引"选项卡的"索引名"中输入"部门编号",选择索引类型为"主索引",索引表达式为"部门编号",单击"确定"按钮关闭表设计器并保存表"部门"结构。

(3)【操作步骤】

在数据库设计器中,将"部门"表中"索引"下面的"部门编号"主索引字段拖放到"职员信息"表中"索引"下面的"部门编号"索引字段上,建立两个表之间的永久性联系。

(4)【操作步骤】

①在数据库设计器中,选择【数据库】→【清理数据库】命令清理数据库。

②右键单击"部门"表和"职员信息"表之间的关系线,在弹出的快捷菜单中选择"编辑参照完整性"命令,打开参照完整性生成器。

③单击"更新规则"选项卡,选择"限制";单击"删除规则"选项卡,选择"级联";单击"插入规则"选项卡,选择"忽略"。

④单击"确定"按钮,保存参照完整性设置。

二、简单应用题

【考点指引】本题的第 1 小题主要考查视图的建立和表单的建立,重点是表格控件的使用,注意表格控件数据源的设置;第 2 小题主要考查表单向导的使用,按向导的提示逐步操作即可。

(1)【操作步骤】

①选择【文件】→【打开】命令,或直接单击工具栏上的"打开"图标,打开数据库"图书借阅.dbc"。

②选择【文件】→【新建】命令,选择"视图",单击"新建文件"按钮打开"添加表或视图"对话框,选择"表"单选项,选择数据库"图书借阅",将表"图书信息"和"图书借阅"分别"添加"到视图设计器中,系统会自动选择关联字段"条码号"为两个表

< 139 >

建立内部联系,单击"确定"按钮关闭"联接条件"对话框,然后关闭"添加表或视图"对话框。

③在视图设计器中单击"字段"选项卡,将"可用字段"列表框中的"借书证号"、"借阅日期"和"书名"字段添加到右边的"选定字段"列表框中。

④在视图设计器中单击"筛选"选项卡中,在"字段名"下拉列表框中选择"图书信息.书名"字段,在"条件"下拉列表框中选择"=",在"实例"文本框中输入""VFP入门""。

⑤在视图设计器中单击"关闭"按钮,将视图文件以"view1"名保存在考生文件夹下。

⑥选择【文件】→【新建】命令,选择"表单",单击"新建文件"按钮打开表单设计器,单击表单控件工具栏上的"表格"控件图标,添加一个表格控件。

⑦ 在表单设计器中,用鼠标右键单击表单空白处,在弹出的快捷菜单中选择"数据环境"命令,打开表单的数据环境,选择数据库"图书借阅",选定"视图",将视图"view1"添加到数据环境中。

⑧选择【表单】→【执行表单】命令,系统首先要求保存该表单文件,在弹出的"另存为"对话框中输入表单文件名"bd1",保存在考生文件夹下,然后运行表单。

(2)【操作步骤】

①选择【文件】→【新建】命令,选择"表单",单击"向导"按钮,在弹出的"向导选取"窗口中选择"表单向导",单击"确定"按钮。

②在"表单向导"窗口中的"数据库和表"列表框中选择"图书借阅"数据表,将"可用字段"下的全部字段添加到"选定字段"列表框中,单击"下一步"按钮。

③在"样式"列表框中选择"阴影式","按钮类型"选择"图片按钮",单击"下一步"按钮。

④在"可用的字段或索引标识"列表框中选择"借书证号"添加到"选定字段"列表框中,选择"升序",单击"下一步"按钮。

⑤输入表单标题为"读者借阅信息",单击"完成"按钮,输入表单名称"bd2"并保存退出。

三、综合应用题

【考点指引】本题考查表单的设计及表格控件的使用,注意表格控件数据源的设置。

【操作步骤】

①选择【文件】→【打开】命令打开数据库"产品"。

②选择【文件】→【新建】命令,选择"表单",单击"新建文件"按钮打开表单设计器,单击表单控件工具栏上的"命令按钮"控件图标,为表单添加一个命令按钮 Command1;单击表单控件工具栏上的"表格"控件图标,再添加两个表格控件"Grid1"和"Grid2"。

③选择命令按钮,在按钮属性窗口中将命令按钮 Command1 的 Name 属性值修改为 cmdClose,将 Caption 属性值修改为"关闭"。双击"关闭"命令按钮,在 Click 事件中输入代码:ThisForm. Release,用来关闭表单。

④在表单设计器中,用鼠标右键单击表单空白处,在弹出的快捷菜单中选择"数据环境"命令,打开表单的数据环境,选择数据库"产品",将数据表文件"产品"和"零件"添加到数据环境中,如图 27-1 所示。

⑤选择表格控件"Grid1",在表格控件属性窗口中将"RecordSource"属性值修改为"零件",将"RecordSourceType"属性值修改为"0",将"ReadOnly"属性值修改为".T.",选择表格控件"Grid2",在表格控件属性窗口中将"RecordSource"属性值修改为""",将"RecordSourceType"属性值修改为"1"。

⑥在表单设计器中,选择"Grid1",在属性窗口中双击"AfterRowColChange E-vent",弹出事件过程代码编辑窗口,输入以下代码:

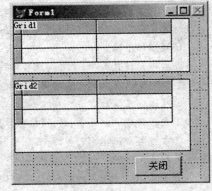

图 27-1

SELECT 产品. * INTO CURSOR tmp FROM 产品 WHERE 产品.零件编号 = ThisForm. grid1. columns (1). text1. value

ThisForm. Grid2. RecordSourceType=1

ThisForm. Grid2. RecordSource="tmp"

ThisForm. Grid2. Refresh

⑦选择【表单】→【执行表单】命令,系统首先要求保存该表单文件,在弹出的"另存为"对话框中输入表单文件名"bd3",

保存在考生文件夹下，然后运行表单。

 第28套 上机考试试题答案与解析

一、基本操作题

【考点指引】本题主要考查数据表的基本操作，包括移除数据表，将表添加到数据库中，设置字段默认值、约束规则的设置和表结构的修改等。

（1）【操作步骤】

①选择【文件】→【打开】命令，在"打开"对话框的"文件类型"下拉列表框中选择"数据库"，选择"school. dbc"，选择"独占"，单击"确定"按钮，打开数据库设计器。

②在数据库设计器中，选择表"考勤"，单击右键，在弹出的快捷菜单中选择"删除"命令，单击"删除"按钮，将表"考勤"从"school"数据库中移除。

③选择【数据库】→【清理数据库】命令清理数据库。

（2）【操作步骤】

①在数据库设计器中，用鼠标右键单击数据库表"score"，在弹出的快捷菜单中选择"修改"命令，进入"score"的数据表设计器界面。

②在"score"表设计器的"字段"选项卡中，选择"成绩"字段，在"默认值"文本框中输入"0"。

（3）【操作步骤】

在"字段有效性"的"规则"文本框中输入"成绩>=0 and 成绩<=100"，在"信息"文本框中输入""考试成绩输入有误""，单击"确定"按钮关闭表设计器并保存表"score"结构。

（4）【操作步骤】

①在"数据库设计器"中，选择表"student"，单击右键，在弹出的快捷菜单中选择"修改"，打开表设计器。

②在"表设计器"中，单击"字段"选项卡，单击最后一行，输入字段名"备注"，"类型"为"字符型"，"宽度"为"8"，单击"确定"按钮关闭表设计器并保存表"student"结构。

二、简单应用题

【考点指引】本题的第1小题考查了表单的设计，主要是标签按钮的 Caption 属性的修改；第2小题主要考查根据多表建立查询。

（1）【操作步骤】

①选择【文件】→【新建】命令，选择"表单"，单击"新建文件"按钮打开表单设计器，单击表单控件工具栏上的"标签"控件图标，为表单添加3个标签 Label1、Label2 和 Label3。

②双击标签 Label1，在 Click 事件中输入代码：

a＝ThisForm. Label2. Caption

ThisForm. Label2. Caption＝ThisForm. Label3. Caption

ThisForm. Label3. Caption＝a

③双击标签 Label2，在 Click 事件中输入代码：

a＝ThisForm. Label1. Caption

ThisForm. Label1. Caption＝ThisForm. Label3. Caption

ThisForm. Label3. Caption＝a

④双击标签 Label3，在 Click 事件中输入代码：

a＝ThisForm. Label1. Caption

ThisForm. Label1. Caption＝ThisForm. Label2. Caption

ThisForm. Label2. Caption＝a

⑤选择【表单】→【执行表单】命令，系统首先要求保存该表单文件，在弹出的"另存为"对话框中输入表单文件名"bd1"，保存在考生文件夹下，然后运行表单。

(2)【操作步骤】

①选择【文件】→【打开】命令,打开考生文件夹下的数据库"教材"。

②选择【文件】→【新建】命令,选择"查询",单击"新建文件"按钮,弹出"添加表或视图"对话框,将表"作者"和"教材"分别添加到查询设计器中,系统会自动根据两表的"作者编号"字段建立两表之间的内部联系,然后关闭"添加表或视图"对话框。

③根据题意,在查询设计器的"字段"选项卡中,将"可用字段"列表框中的字段:"作者姓名"、"教材名称"、"价格"和"出版社"添加到右边的"选定字段"列表框中。

④在"排序依据"选项卡中将"选定字段"列表框中的"教材.价格"字段添加到右边的"排序条件"中,在"排序选项"中选择"升序"。

⑤选择【查询】→【运行查询】命令,系统将自动保存查询结果到数据表"cx1"中。

三、综合应用题

【考点指引】本题主要考查利用SQL语句对数据表的结构和数据进行修改,重点是分组命令的使用及数值字段的计算。

【操作步骤】

①在命令窗口中输入命令:MODI COMM cx2(回车执行),打开程序文件编辑窗口,在程序文件编辑窗口中输入以下程序代码:

```
ALTER TABLE 职称 ADD 人数 INT
ALTER TABLE 职称 ADD 明年人数 INT
SELECT 职称编号,COUNT(*) INTO ARRAY aa FROM 员工信息 GROUP BY 职称编号
FOR i=1 TO ALEN(aa)/2
    UPDATE 职称 SET 人数=aa(i,2) WHERE 职称编号=aa(i,1)
NEXT
UPDATE 职称 SET 明年人数=IIF(人数*增加百分比<1,0,人数*增加百分比)
```

关闭程序文件编辑窗口并保存程序文件。

②在命令窗口中输入命令:DO cx2(回车执行),执行程序文件。

 第29套　上机考试试题答案与解析

一、基本操作题

【考点指引】本题主要考查项目管理器的基本操作,包括新建项目、创建数据库、修改表结构和建立索引。

(1)【操作步骤】

选择【文件】→【新建】命令,选择"项目",单击"新建文件"按钮,输入项目名称"xm"后,单击"保存"按钮。

(2)【操作步骤】

在项目管理器中选择"数据"选项卡,然后选择列表框中的"数据库",单击"新建"按钮,选择"新建数据库",在"创建"对话框中输入数据库名"学生",单击"保存"按钮将新建数据库"学生"添加到新建的项目"xm"中。

(3)【操作步骤】

在数据库设计器中,单击鼠标右键,在弹出的快捷菜单中选择"新建表"命令,选择"新建表",在"创建"对话框中输入表名"student",单击"保存"进入表设计器,根据题意输入表结构内容,单击"确定"按钮保存表。

(4)【操作步骤】

在数据库设计器中,选择表"student",选择【数据库】→【修改】命令,打开表设计器修改表"student"结构,在"student"表设计器的"索引"选项卡的"索引名"中输入"学号",选择索引类型为"主索引",索引表达式为"学号",单击"确定"按钮关闭表设计器并保存表"student"结构。

二、简单应用题

【考点指引】本题的第1小题考查利用SQL语句实现查询和修改,这里要用到分组和求和语句;第2小题考查视图的创建,注意过滤条件的设置。

（1）【操作步骤】

①在命令窗口中输入命令:MODI COMM cx1(回车执行),打开程序文件编辑窗口,在程序文件编辑窗口中输入以下程序代码:

SELECT 职工编号,SUM(加班天数) AS 加班天数 INTO ARRAY aa FROM 考勤 GROUP BY 职工编号
FOR i=1 TO ALEN(aa)/2
　　UPDATE 员工信息 SET 加班天数＝aa(i,2) WHERE 职工编号＝aa(i,1)
NEXT

关闭程序文件编辑窗口并保存程序文件。

②在命令窗口中输入命令:DO cx1(回车执行),执行程序文件。

（2）【操作步骤】

①选择【文件】→【打开】命令,或直接单击工具栏上的"打开"图标,打开数据库"职员管理.dbc"。

②选择【文件】→【新建】命令,选择"视图",单击"新建文件"按钮打开"添加表或视图"对话框,选择"表"单选项,选择数据库"职员管理",将表"考勤"和"员工信息"分别"添加"到视图设计器中,系统会自动选择关联字段"职工编号"为两个表建立内部联系,单击"确定"按钮,关闭"联接条件"对话框,然后关闭"添加表或视图"对话框。

③在视图设计器中单击"字段"选项卡,将"可用字段"列表框中的"员工信息.职工编号"、"员工信息.姓名"和"考勤.夜班天数"字段添加到右边的"选定字段"列表框中。

④在视图设计器中单击"筛选"选项卡,在"字段名"下拉列表框中选择"考勤.夜班天数"字段,在"条件"下拉列表框中选择"＞",在"实例"文本框中输入"3"。

⑤在视图设计器中单击"关闭"按钮,将视图文件以"view1"名保存在考生文件夹下。

⑥选择【文件】→【新建】命令,选择"表单",单击"新建文件"按钮打开表单设计器,单击表单控件工具栏上的"表格"控件图标,添加一个表格控件。

⑦在表单设计器中,用鼠标右键单击表单空白处,在弹出的快捷菜单中选择"数据环境"命令,打开表单的数据环境,选择数据库"职员管理",选定"视图",将视图"view1"添加到数据环境中。

⑧在表格属性窗口中将"RecordSourceType"属性值修改为"1",将"RecordSource"属性值修改为"view1"。

⑨选择【表单】→【执行表单】命令,系统首先要求保存该表单文件,在弹出的"另存为"对话框中输入表单文件名"bd1",保存在考生文件夹下,然后运行表单。

三、综合应用题

【考点指引】本题主要考查表单的建立和表格控件的使用,重点是表格控件数据源的设置。

【操作步骤】

①选择【文件】→【新建】命令,选择"表单",单击"新建文件"按钮打开表单设计器,将Caption属性值修改为"零件装配情况";单击表单控件工具栏上的"命令按钮"控件图标,为表单添加两个命令按钮Command1、Command2;单击表单控件工具栏上的"表格"控件图标,再添加一个表格控件。

②分别选择两个命令按钮,在按钮属性窗口中将命令按钮Command1的Caption属性值修改为"查询",将命令按钮Command2的Caption属性值修改为"关闭",如图29-1所示。双击"关闭"命令按钮,在Click事件中输入代码:ThisForm.Release,用来关闭表单。

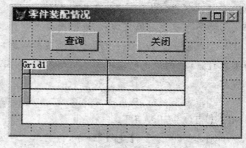

图 29-1

③选择表格控件"Grid1",在表格控件属性窗口中将"RecordSource"属性值修改为"""",将"RecordSourceType"属性值修改为"1"。

④双击"查询"命令按钮,在Click事件中输入代码:

SELECT 零件名称,规格,数量 INTO CURSOR tmp FROM 产品,零件 WHERE 产品.零件编号＝零件.零件编号 AND 产品.产品编号＝"0003"
ThisForm.Grid1.RecordSourceType＝1
ThisForm.Grid1.RecordSource＝"tmp"
ThisForm.Grid1.ReFresh

⑤选择【表单】→【执行表单】命令,系统首先要求保存该表单文件,在弹出的"另存为"对话框中输入表单文件名"bd2",保存在考生文件夹下,然后运行表单。

 第 30 套　上机考试试题答案与解析

一、基本操作题

【考点指引】本题主要考查数据库和数据表的基本操作,包括数据库的创建、表的添加、索引的建立等。

(1)【操作步骤】

选择【文件】→【新建】命令,选择"数据库",单击"新建文件"按钮,在"创建"对话框中输入数据库名"销售",单击"保存"按钮将新建数据库"销售"保存到考生文件夹下。

(2)【操作步骤】

①在"数据库设计器"中,单击右键选择"添加表",在"打开"对话框中选择表"客户",单击"确定"按钮,将自由表"客户"添加到数据库"销售"中。

②在"数据库设计器"中,单击右键选择"添加表",在"打开"对话框中选择表"订货",单击"确定"按钮,将自由表"订货"添加到数据库"销售"中。

(3)【操作步骤】

在数据库设计器中,选择表"客户",选择【数据库】→【修改】命令,打开表设计器修改表"客户"结构,在"客户"表设计器中的"索引"选项卡的"索引名"中输入"客户编码",选择索引类型为"主索引",索引表达式为"客户编码",单击"确定"按钮关闭表设计器并保存表"客户"结构。

(4)【操作步骤】

在数据库设计器中,选择表"订货",选择【数据库】→【修改】命令,打开表设计器修改表"订货"结构,在"订货"表设计器的"索引"选项卡的"索引名"中输入"订单编码",选择索引类型为"普通索引",索引表达式为"订单编码",单击"确定"按钮关闭表设计器并保存表"订货"结构。

二、简单应用题

【考点指引】本题的第 1 小题考查菜单的基本操作;第 2 小题考查修改数据表结构。

(1)【操作步骤】

①选择【文件】→【新建】命令,选择"菜单",单击"新建文件"按钮,再单击"菜单"按钮,打开菜单设计器,在"菜单名称"中输入"产地查询",在"结果"下拉列表框中选择"子菜单";单击"创建"按钮,创建"产地查询"子菜单,输入子菜单名称"北京",在"结果"下拉列表框中选择"过程";单击"创建"按钮,创建"北京"子菜单过程,在过程代码编辑窗口中输入代码:SELECT * FROM 商品 WHERE 产地 LIKE "％北京％"。

关闭过程代码编辑窗口,返回到菜单设计器。

②单击子菜单的下一行,输入子菜单名称"四川"。在"结果"下拉列表框中选择"过程",单击"创建"按钮创建"北京"子菜单过程,在过程代码编辑窗口中输入代码:SELECT * FROM 商品 WHERE 产地 LIKE "％四川％"。关闭过程代码编辑窗口,返回到菜单设计器。

③单击下一行,输入子菜单名称"关闭",在"结果"下拉列表框中选择"命令",在右边的文本框中编写命令:SET SYSMENU TO DEFAULT。

④选择【菜单】→【生成】命令,将菜单保存为"cd1",生成一个菜单文件"cd1.mpr",关闭菜单设计窗口。

(2)【操作步骤】

①选择【文件】→【打开】命令,在"打开"对话框的"文件类型"下拉列表框中选择"数据库",选择"会员.dbc",单击"确定"按钮,打开数据库设计器。

②在数据库设计器中,选择表"会员信息",选择【数据库】→【修改】命令,打开表设计器修改表"会员信息"结构,在"会员信息"表设计器的"索引"选项卡的"索引名"中输入"会员编码",选择索引类型为"主索引",索引表达式为"会员编号";单击下一行,在"索引名"中输入"年龄",选择索引类型为"普通索引",索引表达式为"年龄"。

③选择"年龄"字段,在"字段有效性"的"规则"文本框中输入"年龄>=18","默认值"编辑框中输入"30",单击"确定"按钮关闭表设计器并保存表"会员"结构。

三、综合应用题

【考点指引】本题主要考查表单的设计及表单选项组控件的使用。

【操作步骤】

①选择【文件】→【新建】命令,选择"表单",单击"新建文件"按钮打开表单设计器,单击表单控件工具栏上的"命令按钮组"控件图标,为表单添加一个命令按钮组 CommandGroup1;单击表单控件工具栏上的"命令按钮"控件图标,为表单添加两个命令按钮 Command1 和 Command2;单击表单控件工具栏上的"表格"控件图标,再添加一个表格控件 Grid1。

②选择命令按钮组 CommandGroup1,单击右键,在弹出的快捷菜单中选择"生成器"打开命令组生成器对话框,单击"按钮"选项卡,设置按钮的数目为2,在"标题"列下修改三个按钮的标题分别为"升序"、"降序",单击"确定"按钮关闭命令组生成器对话框。

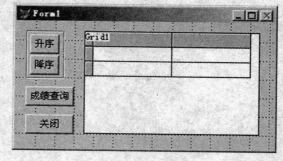

③分别选择两个命令按钮,在按钮属性窗口中将命令按钮 Command1 的 Caption 属性值修改为"成绩查询",Command2 的 Caption 属性值修改为"关闭",如图 30-1 所示。双击"关闭"命令按钮,在 Click 事件中输入代码:ThisForm.Release,用来关闭表单。

图 30-1

④双击"成绩查询"命令按钮,在 Click 事件中输入代码:

```
DO CASE
   CASE ThisForm. CommandGroup1. value=1
      SELECT student. 学号,姓名,成绩 INTO TABLE result FROM student,score,course WHERE student. 学号=
      score. 学号 AND score. 课程编号=course. 课程编号 AND 课程名称="VFP 入门" ORDER BY 成绩
   CASE ThisForm. CommandGroup1. value=2
      SELECT student. 学号,姓名,成绩 INTO TABLE result FROM student,score,course WHERE student. 学号=
      score. 学号 AND score. 课程编号=course. 课程编号 AND 课程名称="VFP 入门" ORDER BY 成绩 DESC
ENDCASE
ThisForm. Grid1. RecordSourceType=0
ThisForm. Grid1. RecordSource="result"
ThisForm. Grid1. Refresh
```

⑤选择【表单】→【执行表单】命令,系统首先要求保存该表单文件,在弹出的"另存为"对话框中输入表单文件名"bd1",保存在考生文件夹下,然后运行表单。

⑥执行"成绩查询"菜单命令后,系统自动将查询结果保存在所建立的新数据表文件 result.dbf 中。

< 145 >